富儿学

——儿童财商培养第一书

钟 倩 著

山东科学技术出版社

图书在版编目（CIP）数据

富儿学：儿童财商培养第一书 / 钟倩著．—济南：山东科学技术出版社，2015

ISBN 978-7-5331-7638-9

Ⅰ．①富…　Ⅱ．①钟…　Ⅲ．①财务管理—儿童教育—家庭教育　Ⅳ．① TS976.15 ② G78

中国版本图书馆 CIP 数据核字 (2014) 第 253981 号

富 儿 学

——儿童财商培养第一书

钟　倩　著

出版者：山东科学技术出版社
地址：济南市玉函路 16 号
邮编：250002　电话：(0531)82098088
网址：www.lkj.com.cn
电子邮件：sdkj@sdpress.com.cn
发行者：山东科学技术出版社
地址：济南市玉函路 16 号
邮编：250002　电话：(0531)82098071
印刷者：山东临沂新华印刷物流集团有限责任公司
地址：临沂市高新技术产业开发区新华路
邮编：276017　电话：（0539）2925659

开本：787 mm × 1092 mm　1/16
印张：9.75
版次：2015 年 2 月第 1 版第 1 次印刷

ISBN 978-7-5331-7638-9
定价：35.00 元

前言 Foreword

给孩子一个财富梦

你可能知道，身为全球首富的比尔·盖茨，每年都会给自己安排两周的时间，他将这两周时间称为“沉思周”(thinkweek)。之所以称为“沉思周”，顾名思义，就是让自己在这两周的时间里，好好地想一想未来的发展趋势。

但你可能不知道，盖茨的思考习惯从小就开始养成了。

盖茨的父亲曾经写过一本书，在谈到盖茨小时候的一些趣事时，其中有一段是这样写的：每次家人准备要出门的时候，甚至已经坐在车子里要出发了，这时却听到有人问：“盖茨呢？”然后就有人会回答：“他在房间里。”当时，盖茨的小房间在地下室，所以妈妈便经常会朝地下室喊道：“盖茨，你在下面做什么？”有一次，盖茨是这样回答的：“我正在思考，妈妈，难道你从来不思考吗？”

从这段文字中，我们不难看出，比尔·盖茨从小就喜欢思考。

如果让每个孩子都能够像小盖茨一样，从小就懂得思考、喜欢思考，那么孩子即使将来不会成为世界首富，但这种思考的习惯也必将会使孩子拥有一个富有的人生。如今，全世界的父母在教育孩子时，已经在不知不觉间增加了一门重要的课程，而这门课程就是**理财课**。

以美国为例，每年的四月份，都是孩子们最忙的时候，他们不是忙着准备升学，而是忙着学习怎样理财。每到此时，各个学校都会做好接待这些孩子的准备，包括银行在内的一些金融机构，也纷纷派出自己的职员，到全国各地的学校去举办一些理财讲座，将一些理财技巧传授给当地的学生。而这样的讲座，不但受到孩子们的喜爱，同时也受到家长和老师的欢迎。

当然了，美国之所以如此重视学生的理财教育，也是事出有因的。1997 年，美国有两位大学生突然自杀，而他们自杀的地方，周围全是信用卡凭单。这件事使美国政府受到极大的震惊，也使人们产生了疑惑，到底是什么原因导致这两个年轻人走上绝路的呢？原来，由于这两位大学生无法承受信用卡债务所带来的压力，所以才选择了自杀，以此来躲避沉重的债务。而他们之所以年纪轻轻就欠下这么多的债务，并不是因为他们没有钱，而是他们没有理财的观念。

在弄清了这些原因之后，为了避免类似的悲剧继续重演，美国政府于是将每年的四月定为“青少年理财教育月”。因为政府与社会都已经意识到，理财教育的缺失，所带来的后果是难以预测的。一个人如果没有理财的观念，轻则一生碌碌无为，与幸福失之交臂；重则走上不归路，付出生命的代价。

实际上，对于儿童财商的开发和培养，也不是从美国开始的。中东的犹太民族，在很早以前，就已经开始重视对孩子财商的培养了。对于犹太民族的孩子来说，如果要想得到零用钱，就必须分摊家务，正是这种从小就养成的“不劳无获”的观念，使得犹太民族的孩子在成长的过程中，具有很强的独立意识。所以，当他们长大以后，不管走到哪里，也不管面对多么恶劣的环境，他们都能够活得很自在，因为他们会赚钱。那么，犹太人是不是眼里只有钱呢？难道他们的父母都不疼孩子，忍心让年幼的孩子自己赚钱吗？是不是只顾赚钱而忽略了读书呢？当然不是！实际上，犹太人只把赚钱当作谋生的一种手段，他们更重视的是读书，并从书中汲取丰富的知识。相传，犹太民族的孩子在很小的时候，父母就为他翻开书本，将蜂蜜滴在书上，然后叫小孩去舔着吃。而这种做法的用意非常明确，就是告诉孩子：书本与知识是甜的。而在犹太经典《塔木德》这本书中，更是有这样一句名言："如果你拥有了知识，那你还缺什么呢？如果你缺乏知识，那你还拥有什么呢？"可见，犹太人对孩子理财的培养，就是从生活着手、从知识入门的。因为脱离了生活，一切都将无从谈起；而没有了知识，就不可能开发智能，也就谈不上理财的培养了。

或许许多父母认为，孩子在年幼的时候，就应该让他们好好读书，而不宜让他们过早受到"铜臭"的污染。这种看法的出发点当然没有错，因为在现实生活中，确实有很多这样的情况，那就是很多孩子因为功利性太强，最终导致人性的扭曲，甚至为了钱而不择手段，毫无底线。但是，我们也不应该否认，让孩子及早接受理财教育，了解一点金融知识，反而会使孩子对金钱的认识更加理性，并拥有正确的世界观和价值观。

值得庆幸的是，最近几年来，越来越多的父母已经意识到对孩子进行理财教育的重要意义，但在真正的实践过程中，很多父母却有心无方，不知该如何对孩子进行理财教育。于是，有的父母便对孩子的零用钱进行严格的控制，生怕孩子从小养成乱花钱不知节制的不良习惯；有的却是放任不管，由孩子自己去管理，认为这样可以培养孩子的理财能力。但实际上，这些都是极端的做法，前者由于过度限制孩子的零用钱，当孩子一些合理的愿望得不到满足时，往往就会以其他的途径来获取满足，导致滋生错误观念；而放手让孩子自己当"管家"，就可能会使孩子养成乱花钱的习惯，甚至产生金钱至上的错误想法。

毋庸置疑，孩子理财教育的起步越早越好，可以说越早开始，成效越高。所以，父母越早拥有对孩子进行理财教育的观念，孩子拥有财富人生的梦想就能越早实现。父母从孩子小的时候就进行合理的理财教育，孩子就会越早具有拥有财富的可能与潜力，因为“理财的起跑线，就是富裕人生的起跑点”。

财经专家经常强调一句话:“幼不学理财，财不理终生。”深究其意，即是说理财观念的教育要及早进行，而不是等到孩子长大了再去灌输，因为那时候已经来不及了。著名的投资大师巴菲特曾说过:“诺亚并不是在已经下大雨的时候，才开始创造方舟的。”言外之意就是说财富需要累积与提早准备。同样的，理财教育也不是等孩子出现问题了再去纠正。哲学家阿朗说:“播好的种子，应该播在土壤里，而不是在沙地上。给婴儿看米开朗琪罗、达芬奇的作品，从摇篮时就让婴儿听贝多芬！”他的这段话，就是告诉我们，要让孩子从小就生活在一种有益于身心成长的环境中，孩子的未来才能充满希望。实际上，理财教育也是一种生活教育，因为这些教育皆取材于生活中的点点滴滴，贯穿孩子的一生，所以是一种最自然、最生活、也是最容易让孩子接受的训练方法。

总之，如果父母忽略了对孩子的理财教育，那就等于忽略了孩子富裕的未来和美好的人生。当然，父母在对孩子进行理财教育时，也一定要讲究方法，根据家庭实际情况，教会孩子如何“花钱、省钱、理钱、用钱”，并帮助孩子建立起正确的金钱观与人生观，继而引导孩子去创造财富、享用财富。

若能如此，将是孩子之幸、家庭之幸、社会之幸……

钟 倩

目录 CONTENTS

“钱是什么”“有钱意味着什么”，面对这两个十分关键的问题时，很多父母往往觉得很简单，毕竟对于他们来说，这根本就不是什么问题。但他们却忽略了，这些问题对孩子来说是十分重要的。因为能否弄清楚这些问题，将直接关系到孩子拥有什么样的金钱观。当然，也有一些父母知道这些问题很重要，只是觉得孩子在日常生活的耳濡目染下，就能够自然地建立起正确的金钱观。但实际上，这是不可能的。父母对于孩子的教育，身教和言教同样重要，偏重哪一面都不行。所以，很多东西是需要父母教给孩子的，尤其是在理财方面，父母要主动教孩子正确认识金钱，并教会孩子如何使用钱，同时让孩子知道自己是如何赚钱的。可以说，让孩子拥有正确的金钱观，是家庭教育中非常重要的一环。因为孩子的理财观念如何，将关系到他将来的生活是富裕还是贫穷，是捐款者还是被捐的对象，是财务稳健还是靠救济生活。

很多人认为：理财是富人的事，并从这个结论中引申出另一个结论——理财是大人的事。至于孩子，只要让他知道父母赚钱不容易，懂得珍惜父母的辛苦成果就可以了，没必要现在就开始教他理财。其实，这两种理论都过于偏颇。首先，理财并不是富人的专利，而是任何人都必须要面对的问题，也是任何人都可以学习的方法。与富人相比，普通人更需要理财，而且可以透过理财让自己也成为富人。其次，对于孩子来说，让他们尽早学会理财，那就更有必要了。如果你的家境比较清贫，就要让孩子尽早学会理财，这样他才可以帮助你尽快地改变这种贫困的境况；如果你的家境十分优越，更要让孩子学会理财，这样才能避免他把你辛苦创下的这份家业给挥霍掉。

今天是一个网络信息化的时代，也是一个全面开放的时代。在这样的时代背景和社会环境中，如果我们对孩子的理财教育仅仅停留在教孩子如何进行储蓄、如何勤俭节约等这些问题上，那就显得有些落伍了。这倒不是说这些方法已经过时。其实，不管什么时候，也不管是站在传统美德的立场上看，还是站在理财的角度上看，储蓄和勤俭节约永远都不会过时。只是这毕竟是一个老生常谈的话题，孩子听得多了，不但无法听进去，往往还会让他产生反感之心。所以，我们不妨把这些原本就是真理的东西淡化一些，先从与这个时代息息相关的方面入手，不断开拓孩子的视野，提升孩子的眼界。等到孩子对理财有一个更全面的认识之后，再回过头来给孩子讲一些具体的问题，孩子自然就更容易接受了。

不管是学习，还是教育，当正确的观念和方向确定之后，方法就是决定因素。如果没有方法或者方法不对，那么不管我们的目标多么高远，最终也可能只是把时间和精力白白浪费在一些不必要去走的弯路上，使我们离目标越来越远；而一旦掌握了正确的方法，就会使我们能够轻松地应付那些随时可能出现的难题，并做到事半功倍，迅速地向目标靠近。对孩子进行理财教育也是如此，要把孩子培养成为真正的理财高手，仅仅有高远的目标、教好孩子的意识，那是远远不够的，必须把这些目标和意识落实到实际行动中，再结合一定的方法和技巧，才能收到实际的效果。

很多父母都知道，在孩子成长的过程中，智商和情商对于孩子的发展起到积极的作用，却往往忽略了与智商和情商同等重要的商数——财商。实际上，在21世纪的今天，智商、情商和财商是相辅相成，缺一不可的。在西方发达国家中，人们一般都有一个共识：在诸多成功中，赚钱最能培养人的成就感和自信心。所以那些发达国家的父母在孩子还很小的时候，就开始培养孩子的财商了。

很多人总是把有钱人当成富有之人，因为有钱人可以买到很多人买不到的东西，过上别人根本过不了的日子。那么，事实果真如此吗？有钱人真的是风光无限，没有任何烦恼吗？当然不是，实际上很多时候，一些所谓的有钱人，连普通人很容易就得到的快乐也无法享受得到。我们甚至还听过这样的话：“这个人穷得只剩下钱了。”所以，如果一个人只拥有钱，而在精神上匮乏的话，即使他坐拥金屋，也算不上真正的富有之人。而作为父母，谁也不愿意看到自己的孩子除了钱之外一无所有。那么，我们应该怎样做，才能让孩子在拥有金钱的同时，在精神上也是一个富有之人呢？这就是我们在本章中需要探讨的话题。

第一章　帮助孩子建立正确的金钱观

在对孩子进行理财教育的过程中，最重要的一项，就是帮孩子建立起正确的金钱观，明白金钱的来之不易，以及金钱的真正价值。只有让孩子把钱的用途看透彻，才能让孩子学会花钱、赚钱，才能成为金钱的主人，而不是金钱的奴隶。

引言

“钱是什么”“有钱意味着什么”，面对这两个十分关键的问题时，很多父母往往觉得很简单，毕竟对于他们来说，这根本就不是什么问题。但他们却忽略了，这些问题对孩子来说是十分重要的。因为能否弄清楚这些问题，将直接关系到孩子拥有什么样的金钱观。当然，也有一些父母知道这些问题很重要，只是觉得孩子在日常生活的耳濡目染下，就能够自觉地建立起正确的金钱观。但实际上，这是不可能的。父母对于孩子的教育，身教和言教同样重要，偏重哪一面都不行。所以，很多东西是需要父母教给孩子的，尤其是在理财方面，父母要主动教孩子正确认识金钱，并教会孩子如何使用钱，同时让孩子知道自己是如何赚钱的。可以说，让孩子拥有正确的金钱观，是家庭教育中非常重要的一环。因为孩子的财商如何，将关系到他将来的生活是富裕还是贫穷，是捐款者还是被捐的对象，是财务稳健还是靠救济生活。

这也恰如美国著名教育家约翰·杜威（John Dewey）所说的那样：“教孩子理想地用钱，归根结底是为了教他成为一个理想的人。”而不管孩子的理想是什么，富裕的生活都是最起码应该具备的条件，否则一切都将无从谈起。

第一节 告诉孩子钱是什么

在很多人的印象中，如果一个孩子过早地接触金钱，那么这个孩子基本上是没有什么出息的。尤其是现实生活中所发生的一些反面案例，更让很多为人父母者觉得，钱会毁了孩子的前途。的确，有很多孩子确实为了钱，耽误了学业，由聪明转变成了平庸；或是抵不住金钱的诱惑，最终走向犯罪的道路，将自己的人生与前途白白地断送掉。但是，如果我们仅仅看到了钱对孩子心灵腐蚀的一面，那就未免把问题看得过于表面化了。

其实，孩子为了钱而犯错，那不是孩子的问题，更不是钱的问题，

而是我们的教育出了问题。因为我们从来没有告诉过孩子钱是什么，它的作用又是什么；即使告诉他们了，也往往会把问题极端化，不是告诉孩子钱并非什么好东西，就是告诉孩子钱无所不能。这样一来，孩子对于钱的概念自然就会出现偏差，而一旦观念出了问题，行动自然也就会出问题。所以，要想让孩子不至于为了钱而变坏，父母首先要做到的一点，就是帮助孩子建立正确的金钱观。

那么，什么是正确的金钱观呢？钱到底是富贵的保障，还是罪恶的根源？而在对待金钱上，又应该采取什么样的做法呢？是挥金如土，还是只赚不花？

著名的银行家尼尔·高德佛瑞认为，想让孩子拥有正确的金钱观，首先要让孩子认识钱币。否则，孩子连钱币都不认识，又哪来的金钱观呢？而要教孩子认识钱币，也是要分年龄阶段的。一般而言，从孩子 3 岁左右开始，父母就要有意识地教孩子认识钱币。这个年龄段的孩子，父母可以通过游戏的方式，让孩子对钱币有一个相当的认识，并教孩子如何区分钱币的面值。等到孩子稍大一些后，就可以带着他一起出去买东西，并和他讨论所买物品的价格。

带孩子出去购物，几乎所有的父母都会遇到一个同样的问题，那就是只要孩子看上了自己喜欢的东西，不管这个东西需要多少钱，也不管父母身上带了多少钱，就吵着要买。这个时候，如果父母满足了他的要求，那么下一次他同样也会如此要求，久而久之，就会使孩子养成消费无度的习惯。而对于孩子要求购买的东西，如果父母当时不能满足他的愿望，那么他就会生气，甚至赖着不走；如果你强行把他拉走，他一哭闹起来，情况就会变得很尴尬。因此，为避免类似情况发生，父母在带孩子一起出门之前，最好先和孩子讲好“条件”，比如只买一件他最需要的东西，或者这次出去只买家庭生活用品，其他都不买。这样，孩子在跟着父母购买东西的过程中，就会仔细考虑他最想要的东西，而不是见到喜欢的就吵着要父母买。此外，在购物的过程中，对于孩子的过分要求，即使你买得起，也应该坚决地对孩子说“不”。慢慢地，孩子会明白，不是他们想要什么就能得到什么。这样，孩子才能养成勤俭节约的习惯，并学会有计划地消费。

当孩子长到七八岁时，基本上也就懂得行为与结果之间的关系，并开始自己做一些决定。这个时候，父母可以开始给孩子一些零用钱。当然，需要注意的是，给孩子零用钱的目的，并不是让孩子去向别人炫耀自己的家庭多么有钱，或者让他在其他的同学面前有面子，而是要让孩子学会如何管理和使用这些钱。当孩子手里拿着数目有限的金钱时，他才能学会取舍，并逐渐认识到钱从哪里来、能够做什么。

当然，正确的金钱观，不但可以帮助孩子养成节省的习惯，还可以帮助孩子建立远大的目标和爱心。

有这样一对夫妇，丈夫是一位老师，妻子是一位上班族，家庭生活水平属于中等。每到月初发薪水的时候，他们便拿出50元给8岁的女儿，作为女儿的零用钱。同时，夫妇俩每个月还把一定比例的钱拿出来，买一些理财产品，并鼓励女儿也这样做。女儿手中的钱虽然很有限，买不到什么理财产品，但她先把一部分钱用来买自己喜欢看的书和必需的学习用品，然后把剩下的钱存到银行里，并对父母说：“等我长大了，我要用我现在存的这些钱买一套房子、一辆车，还可以用它去帮助有困难的人。”

从这个案例中，我们不难看出，孩子虽然还很小，但只要拥有正确的金钱观，他的身上就会产生一种积极向上的正能量。第二次世界大战时期，美国总统富兰克林·罗斯福在一次演讲中，曾这样说："我要感谢我的母亲，是她让我明白了金钱的来之不易，让我懂得了珍惜与尊重，从此开始尝试去珍惜和尊重生命中的每一个人、每一件事。从9岁那年到58岁的今天，一直如此！"可见，父母给予孩子正确的教育，对他的影响将是一生的，而当他日后回顾起这段经历时，也会对自己的父母产生深深的感恩之情。

总之，在对孩子进行理财教育的过程中，最重要、也是最有效的一点，就是让孩子通过各种形式的活动，建立起正确的金钱观，明白金钱的来之不易，以及其真正的价值。

第二节 钱是万能的吗

"金钱不是万能，但没钱却是万万不能。"对于这句话，大人们都深有感悟，但对于孩子们来说，金钱的概念往往模糊不清。当然，有一点他们是知道的，那就是钱可以帮自己买回精美的玩具、漂亮的衣服、好吃的东西。渐渐地，他们还会明白，父母赚的钱越多，家里生活就越富裕，越让别人羡慕，自己也更有优越感。所有的这些，都是通过金钱替孩子换来的。于是，很多孩子会认为，金钱就是万能的，只要有钱，所有的问题都不是问题。但事实上，金钱买不到的东西还有很多，有些东西是无价的，即使你有再多的钱也买不来。而我们首先要教给孩子的，恰恰是这些金钱买不到的东西。只有让孩子把钱的用途看得透彻，才能让孩子学会花钱、赚钱，成为金钱的主人，而不是金钱的奴隶。

我的一位朋友，有一个刚上小学四年级的孩子。朋友为了让孩子养成勤奋的习惯，平日里会不断叮咛孩子要帮忙做一些简单的家务，比如帮父母倒垃圾、整理自己的房间、帮爸爸浇花除草、清理花园等。但她的孩子除了喜欢玩电子游戏，其他的都不喜欢做，父母给他交代的任务，他能躲就躲，即使做了也是心不在焉。为了让孩子做事能够积极一点，朋友想出了一个办法，就是以劳动换取零用钱。她告诉孩子，只要倒一次垃圾、洗一次碗、浇一次花草，就可以得到一些零用钱。孩子一听，果然非常积极地开始劳动，并迅速向妈妈报告自己的劳动成果。刚开始时，朋友听了也很高兴，认为这个用金钱鼓励的办法果然奏效。但是，没过多久，朋友就发现不太对劲了，因为很多已经不需要去做的事，孩子也会巧立名目，当成自己的任务来完成，然后伸手向父母要钱。

朋友无奈，只好来找我诉苦。我听完之后，立刻就明白是怎么回事了，我告诉她，这种用金钱来鼓励孩子的教育方法，可以说是所有错误的教育方法中最为严重的一种了。因为孩子会形成一种“凡事皆以金钱来衡量”的观念。金钱固然有它强大的功能，但在这个世界上，有些东西是金钱根本买不到的。如果我们把金钱作为衡量一切事物的标准，那样不但害了我们自己，也害了孩子。朋友听了我的话之后，才恍然大悟，意识到自己的问题，回去后就立刻改正了这种错误的教育方法。

在哈佛大学开课最受欢迎、选课人数动辄上千人的全球知名“正义论”学者桑德尔（Michael Sandel）教授，曾经撰写了一本书，书名就叫《钱买不到的东西》（*What Money Can't Buy: The Moral Limits of Markets*）。在这本书中，桑德尔教授深入地探讨了资本主义兴盛之后，出现以金钱“挂帅”的社会现象。桑德尔在接受电视媒体访问时提到，很多父母经常以金钱来鼓励孩子念书，比如考几分给多少钱、看一本课外书给多少钱等。这样一来，孩子到底是为钱读书，还是为兴趣读书，就很难弄清楚了。所以，桑德尔认为，同样要给孩子钱，与其直接把钱交给孩子，不如对孩子说：“你看完了这本书，爸爸可以再帮你买另外一本书，让你继续阅读。”注意到了吗？同样是花钱，但不是直接给孩子钱，而是换以更正面的奖励，来鼓励孩子保持良好的行为和习惯。

如果说，通过“如何使其能”的引导，让孩子认识到金钱的“万能”，

是为了使他们珍惜来之不易的劳动成果；那么让孩子知道金钱的“不能”，就是让孩子明白，在人的一生中，还有很多东西比金钱要重要得多。而且在很多情况下，金钱是无能为力的。所以，当孩子的思考能够从“金钱有用论”提升到“金钱无用论”时，那么父母对孩子理财的教育实际上就已经获得了初步成功。

我的小侄女彤彤，今年上小学一年级，受她妈妈的影响，非常喜欢打扮自己，无论是穿衣服，还是身上佩戴的饰物，都十分讲究。有一次，她爸爸去意大利出差，回来时给她买了一个红珊瑚的发簪。第二天，彤彤便把这个发簪戴在头上，这一戴，就使她显得更引人注目了，班上的同学都对此羡慕不已。然而，那天上体育课时，彤彤的好朋友安琪非要摘下她的发簪看看，结果没拿好，不小心掉到地上，而且一下子就摔成了两半，彤彤哭着嚷着要她赔。但安琪的父母跑了很多地方，都没有买到与彤彤一模一样的发簪。于是彤彤决定，以后再也不和安琪玩了。

此事发生后，她妈妈十分心急。“你好好想想，因为发簪被摔坏了，就失去了一个好朋友，是不是太不值得呢？”她耐心地劝导彤彤说。

“哪里不值得了？我的发簪是爸爸从意大利买回来的，多么贵重啊！”彤彤紧皱眉头，固执地回答。

她妈妈嘴角上扬，笑着说：“彤彤，发簪是爸爸从意大利买回来的，十分昂贵，这一点没有错。但是，这毕竟是金钱可以买得到的，而你失去的友谊却是金钱买不到的啊！”

她妈妈的一番话让彤彤陷入了沉思，停顿了一会儿，她脸上终于露出悔意，说道：“妈妈，我知道错了。”

看到女儿承认错误，做妈妈的语重心长地对她说：“这个世界上有很多东西是金钱买不到的，就如你与安琪的友情。发簪摔坏了，以后爸爸出差时还可以再买给你，但你与安琪的友情，却不是金钱所能弥补的。”彤彤听了，用力地点了点头，说：“妈妈，你放心吧！我明天就去向安琪道歉。”

彤彤妈妈的教育，其实就是向她说明金钱的“不能”。机会教育是要掌握最好的施教时机，在每一种看似负面的情况下，以正确的价值观“导正”孩子，也就是教育理念提到的“以正导正”观念。在这样的时刻，孩子的感受最深，施教的效果也最好。

所以，聪明的父母应该结合日常生活中发生的一些小事，动之以情，晓之以理，让孩子看到比金钱更重要的东西，比如友情、亲情、时间、健康、尊重、信任等。需要注意的是，父母在教育孩子的时候，千万不要急于求成，让孩子一下子接受金钱的“不能”，因为根据心理学的原理，孩子尚未成熟的心智，有时不能理解“交换”的意义与价值。譬如，他们以为哭闹就会有糖吃，因此碰到不合意的时候，下意识就会以哭闹的方式试图取得好处。很多父母因为溺爱孩子，或拗不过孩子的哭闹，只好妥协了。但这样一来，就是纵容的开始，也让孩子产生一种错误的观念，以为凡事都可以经由哭闹来达到目的。

所以，对于孩子的教育，如何拿捏，如何适度地坚持，这是父母应该掌握好的。当然，很多时候，父母要多花费一些时间，才能让孩子领悟到“金钱能买到的东西，最后可能并不值钱”。所以，父母也应该知道，这些时间与精神的付出都是值得的，因为父母的言传身教对孩子是最有效的示范。

此外，在平时的生活中，父母即使工作再忙，也要抽出时间多陪陪孩子，关心孩子的学业与心灵成长；或者利用周末、假期，带着孩子去参加一些公益活动，培养孩子的爱心，让孩子学着去关心别人，引导孩子用零用钱去帮助需要帮助的人，以塑造孩子的良好品德与善良心灵，充实他们的精神世界。所有的这些，都可以在无形中“导正”他们的金钱观，让孩子体悟到，一个人如果只拥有金钱，而缺乏其他的东西，反而是最不幸的。因为当一个人“穷得只剩下钱”的时候，那真的是一种悲哀，也是教育的失败。

总之，金钱在很多时候是“万能”的，但在某些情况下却是“不能”的。而作为父母，在教会孩子如何理财、如何赚钱之前，让孩子明白金钱在什么条件下是“万能”的，在什么情况下却是“不能”的，这是十分有必要的。因为孩子能否弄懂这些，将决定他未来是成为金钱的主人，还是金钱的奴隶。

第三节 “价格”与“价值”的不同

孩子刚开始识字时，如果父母帮他买一些玩具、衣服、食物之类的东西，他往往会满脸好奇地问：“这个多少钱啊？”这是孩子心中一种模糊的“价格”观。等到孩子入学后，这种“价格”观也越发敏感起来。每次跟着父母到超市去购物时，也开始注意到柜台或架子上的价格标签。而这个时候，父母在向孩子进行理财教育时，头脑中经常出现的也往往是“价格”，经常挂在嘴边的也是“多少钱”“太贵了”“真便宜”等

这些话。所以，此时的孩子，对于任何物品的区别，可以说只有贵贱之分，而没有价值的概念。

那么，“价格”与“价值”到底有什么不同呢？

曾经在一个教育节目中看到这样一个故事：

周末时，上小学三年级的浩宇正好过生日，于是他便邀请班上的同学来家里一起庆生。浩宇的妈妈给他买了一个巧克力大蛋糕，还准备了一桌丰盛的佳肴，同学们当然也不约而同地为浩宇带来了小礼物。浩宇既期待又激动，但他最想知道他最好的朋友阿豪送他什么礼物。然而，生日宴会上，其他同学带来的礼物浩宇都很喜欢，唯独阿豪送给他的立体贺卡令他失望至极。

同学们走后，浩宇满脸不悦地向妈妈抱怨说：“阿豪太小气了！送给我的礼物根本不值钱！他过生日时，我送给他的舰艇模型多贵啊！”

妈妈听后，摇摇头，对儿子说：“我觉得阿豪的礼物最有价值！这是他亲手制作的，而且还费了很多心思，把你和他的照片放进去了，代表你们的友谊天长地久啊！”

“他的贺卡再好，也没花钱，在我看来都是没用的东西！”浩宇对此仍然嗤之以鼻。

妈妈继续开导他：“小宇，你知道吗？阿豪在这张贺卡里倾注了他的友情，这是再多钱也买不到的！所以，面对不同的礼物，千万不要以价格去衡量价值。超市或商场里出售的物品都有明确标价，但那只能说明这些物品的价格，而价值是没法用金钱来衡量的。就像这张贺卡，它虽然不是花钱买来的，但因为它代表了你朋友最真挚的情谊，所以它是无价的，你明白了吗？”

听了妈妈的这番话，浩宇沉思片刻，才说道：“妈妈，我懂了！阿豪送给我的生日礼物，虽然不是花钱买的，却代表了他的真心，这件礼物代表着我们的友谊，所以是最有价值的！”

其实，像小浩宇这样的孩子，在我们的现实生活中是经常见到的。好在小浩宇有一个十分明智的妈妈，在发现孩子那种偏颇的观念后，及时给予纠正。但是，这种错把价格当价值的观念，又何止是小浩宇一个人有呢？而孩子之所以有这种偏颇的观念，又是谁灌输给他们的呢？这是值得我们深思的。实际上，每一个孩子刚来到这个世界上时，都犹如一张洁净的白纸，既没有价格的概念，也没有价值之别。孩子所有观念的形成，都是大人或者是社会给予的。所以，孩子其实就是大人的一面镜子，也是社会的一个缩影。

所以，当发现孩子的某一个观念不对时，作为大人，最好不要忙着教训孩子，不妨先反思一下，自己是不是曾在无意中灌输这种观念给孩子呢？对于家中的一些物品，我们是不是经常用金钱去衡量呢？在送礼物给别人的时候，是不是首先想到要花多少钱，而不是先想到要送什么礼物呢？所有的这些想法，可以说会对孩子“价格观”和“价值观”的形成产生重要的影响。

那么，“价格”与“价值”到底有哪些不同呢？

通俗地讲，价格是一项以货币为表现形式，为商品、服务及资产所订立的数值，它是有形的，可以用金钱来衡量，也是能够看得见的；价值更多的时候是一种观念，它是无形的，既可以无限扩大，也可以无限缩小，不是金钱所能够衡量的。也就是说，价格是数字，指向物质的外表；价值是内涵，指向精神的意义。这两者之间的区别，正是需要我们用心教给孩子的。

总之，对孩子的理财教育必须循序渐进，尤其是向孩子灌输“价格”与“价值”的不同时，更要紧密地结合现实生活，在消费、劳动、社会实践等过程中，引导孩子逐渐建立起正确的价值观。这样，孩子才能真正明白金钱的价值，乃至人生和生命的价值。

第四节 天下没有免费的午餐

从前，有一位爱民如子的国王，他在位期间，一直兢兢业业，带领着他的臣民不断开拓创新，终于使整个国家逐渐繁荣昌盛起来，人民丰衣足食，安居乐业。后来，国王渐渐老了，而深谋远虑的他，为了在自己死后，国家仍然能够保持富强，人民可以继续过着幸福的日子，于是便召集了一批国内最著名的学者，然后命令他们根据自古以来的经验，总结出一种能够确保人民生活幸福的永世法则。

这些学识渊博的学者们接受了国王的命令之后，便开始努力地钻研，并搜集、查阅了大量的资料，终于在三个月之后，把三本厚厚的帛书呈上给国王说："尊敬的国王陛下，天下所有的知识都已经汇集在这三本书里了。只要让百姓们把这些书读完，就能够确保他们生活无忧了。"国王看了这三大本厚厚的书，先是肯定了学者们的付出，并告诉这些学者们，普通的老百姓根本没有那么多的时间来把这几本厚书读完。所以，为了让普通的百姓也能够了解这些知识与法则，还需要继续钻研，让它更精简。

于是，学者们又开始了夜以继日的钻研，对那些内容进行反复的删减。两个月之后，学者们终于把那三本厚厚的书精简成了一本，并再次呈到国王面前。但是，国王看了看，还是不太满意，又让学者们拿回去继续精简。

又过了一个月，学者们这一次只把一张纸呈给国王，国王看了一眼，便非常满意地说："太好了，只要我的人民日后都能够奉行这条宝贵的法则，我相信他们一定能够过上幸福而又富足的生活。"随后，国王便下令重重地奖赏这批学者。

原来，这张纸上只写了一句话："天下没有免费的午餐。"

"天下没有免费的午餐"，这的确是天底下最为珍贵的智慧。而我们对孩子进行理财教育，更是要以此作为出发点，让孩子牢牢记住“天下没有免费的午餐”这个法则。从目前的情况来看，可以说，不管是大人，还是孩子，都正生活在“免费的世界”中：只要到商场逛一逛，就能够免费品尝各种食品，还可以拿到免费的赠品、奖品、试用品等。但是，我们是否知道，这些免费的东西已经包含其他的费用呢？而我们要告诉孩子的，就是这些基本的经营学原理。想让孩子明白这些原理，就要先告诉孩子这些“免费产品”背后的真相。例如：这些商品的价格已经包含赠品、奖品的费用，不要让孩子为了某种奖品而去盲目消费。另外，很多免费的赠品或者打折的产品，也是需要排队领取或者购买的，为了得到那些免费或是折扣的商品，耗费了这么多时间和力气去排队等待，本身也是一些“无形的费用”，因为很多时候，时间是无价的。

犹太裔母亲莎拉，曾先后结过三次婚，而且三个孩子都跟着她。最让人佩服的，倒不是她结过多少次婚，或者有几个孩子，而是作为单亲妈妈的她，始终非常注重孩子的理财教育，最后也将这些孩子培养成了有担当、有谋略的社会精英。有一次，莎拉在接受电视节目访问时，讲述了自己怎样教育孩子的一段故事：

20 世纪 90 年代初，莎拉带着三个孩子回到祖国以色列。当时，生活条件非常艰辛，她每天到街头去卖春卷，借此养活孩子，每天还要按时接送孩子，洗衣、做饭、收拾家务，忙得团团转。后来，邻居一位大婶看不下去了，责怪她说：“在犹太家庭的观念中，从来就没有免费的食物与照顾，任何东西都是有价格的，每个孩子都必须学会赚钱，才能获得他们所需要的一切。”大婶的话提醒了莎拉，虽然她也觉得这种教育方式有些残酷，但为了孩子，她还是决定实施这个计划。

于是，莎拉开始安排三个孩子做家事，并按劳动程度发薪水。如果哪个孩子不愿意做属于自己的那份家事，他可以请别人来做，但必须付给别人相等的薪水。莎拉还安排孩子们轮流出去卖春卷，做春卷的孩子要凌晨三四点起床，但不用到街上去卖，而到街上去卖的孩子，早上六点起床就可以。几个孩子对母亲的这种安排，倒是十分乐意接受，甚至还有两个孩子主动要求去附近的市场再摆一个摊位。为了和市场管理员谈判更顺利，两个孩子还在家里先进行了彩排，一个充当摊贩老板，一个充当管理员，莎拉充当裁判，将谈判的每个细节以及可能出现的问题和处理方法都事先想到了。结果，两个孩子与市场管理员的谈判进行得很顺利。更令莎拉意外的是，经过这些事之后，孩子们越来越享受与别人打交道的乐趣，并学会了如何向其他摊贩老板推销自己的商品。

作为一位母亲，莎拉能够不用“含辛茹苦”就把孩子培养成材，是因为她让孩子明白了这样一个道理——天下没有免费的午餐。所以，孩子在很小的时候，就懂得通过自己的努力去获取正当的财富。当然了，莎拉的这种教育方法，对于今天的我们来说，可能已经无法复制，毕竟时间、条件等都已经发生了变化。但是，这种教育理念还是值得我们学习和借鉴的。其实，人的一生就是一个不断创造的过程，当然也包括创造财富。财富的创造，不是指不停地赚钱、花钱，而是让金钱流动起来，将它的作用发挥到极致。除了靠我们勤劳的双手与聪慧的头脑，更需要建立在正确价值观的基础之上。

第五节 储蓄是孩子走向财富人生的第一步

现在社会上流传着这样一句经典的话："你不理财，财不理你。"而在众多的理财项目中，最重要的一项就是储蓄。要教孩子学会理财，首先需要面对的也是储蓄。储蓄对于孩子来说，究竟有多大的意义呢？我们先来看这样一个故事：

美国斯坦福大学有个叫默巴克的学生，父母都是小职员，因为姐妹多，生活上很拮据。但他学习成绩很优异，每年都能拿到奖学金。为了能帮父母减轻压力，默巴克就在学校里打工，从事收发信件、修剪草坪等一些简单的工作。后来，他又包下了打扫学生公寓的工作。

有一次，他在打扫学生公寓时，在墙脚、沙发缝、床铺下扫出了许多沾满灰尘的硬币，他将这些零钱还给同学时，大家都不屑一顾，说："零钱装在钱包里，又重又买不了多少东西，这些都是我们故意扔掉的！"默巴克觉得不可思议，便分别给财政部与银行写了一封信，向上反映同学们乱扔零钱的事情。不久之后，他收到财政部的回信，信中说："每年有310亿美元的硬币在全国市场上流通，但其中的105亿美元正如你所说的，被人随手扔在墙角或沙发缝里睡大觉！"他吃惊不已，心想："如果让这些硬币也流通起来，那利润多么可观啊！"

大学毕业后，默巴克便成立了一家"硬币之星"公司，推出了自动换币机。只要顾客将硬币投进机器，机器自动点出数量后打印出收据，凭着收据就可以到超市服务台领取现金。自动换币收取约 9% 的手续费，所得利润超市与公司按比例分成。5 年间，默巴克的“硬币之星”公司在美国 8 900 家超市连锁店设立 10 800 台自动换币机，并成为纳斯达克的上市公司，而默巴克也成为亿万富翁，被人们称作“一美分垒起的大富翁”。

储蓄不仅能让钱升值，还蕴含着一个人的财富观。父母在引导孩子储蓄的时候，不妨从孩子们最喜欢的“小猪存钱罐”开始。在每个人的童年记忆中，都有一个“小猪存钱罐”见证了自己童年时期的往事。而大多数的孩子，就是从这里开始学会理财的。那么，今天的父母应该如何通过“小猪存钱罐”对孩子进行理财教育呢？首先，父母要告诉孩子，为什么要存钱。有些父母不向孩子讲明存钱的意义，导致孩子误以为存得越多越好，一味追求数量，甚至一看到大人钱包里有零钱，就迫不及

待地拿过来放进“小猪存钱罐”里。这样一来，不但违背了储蓄的初衷，也容易使孩子变得贪心，财迷心窍。

因此，父母鼓励孩子用存钱罐储蓄钱的时候，要“导正”孩子储蓄的观念——存钱不仅仅是为了存下更多的钱，或单纯为了买自己喜欢的东西，而是以备不时之需。

美国《纽约客》杂志的专栏作家戴维·欧文曾写过一本畅销书，书名叫《第一家爸爸银行》，书中的内容完全来自他教育两个孩子的经验。他写道：“当孩子有了可支配的钱，他们可能会犯一些错误，然后从中学到理财的经验。但父母应该告诉孩子，在花钱之前，一定要弄明白，什么才是对他们真正有价值的东西。”

从戴维·欧文的这段话中，我们不难看出，他教育孩子很用心，所以才能从孩子所犯的一些错误中，总结出对孩子的成长更有利的经验。因此，父母在引导孩子储蓄和花钱时，千万不要任由孩子自己支配，而应让孩子懂得哪些时候可以花这些零用钱，哪些情况下不能随便支出。

国际知名华文作家尤今，在对孩子进行理财教育方面，也有很多值得我们学习和借鉴的地方。尤今育有两男一女三个孩子，而且对他们都十分疼爱，但为了能够给孩子们一个富裕的未来，她只好扮演起了“严母”的角色。

有一次，上小学一年级的大儿子向她要了10元钱，说是要买作业本。但孩子拿到钱后，并没有真的去买作业本，而是私自把钱存了起来。尤今知道后，便把儿子狠狠地训斥了一顿。好心的朋友知道这件事后，就劝她说：“不就是10元钱吗？干吗这么认真呢？孩子不但没有乱花钱，反而帮你存钱啊！”尤今却满脸认真地回答：“虽然仅仅是10元钱，孩子也没有乱花，而且帮我省钱也是真的。但我教训他，是想让他知道，即使是存钱，也是有底线的。”

这件事看起来很简单，但实际上却告诉我们一个很重要的道理，那就是引导孩子储蓄时，一定要设立合理的规则与底线。毕竟世上没有不犯错的孩子，当孩子为了钱而撒谎时，父母就应及时纠正他们的行为，除了讲道理，更要说明事实，让孩子在内心真正建立起规则，提高自己的自制力。当然，对于孩子的教育，也不宜采用粗暴的方式，因为这样不但解决不了问题，还会使孩子产生敌意、愤怒等不良情绪。正确的做法是，先接纳孩子，然后心平气和地教育孩子哪里不对，即便是批评，也要把握好分寸，让孩子明白自己的用心。

据国内最新一项调查显示，现在 90% 以上的父母都有给孩子零用钱的习惯，很多孩子上幼儿园时就有零用钱。随着生活水平的不断提高，孩子的零用钱也水涨船高，再加上过年时长辈会给不少的压岁钱，有些孩子成了名副其实的“小富翁”。然而，孩子的零用钱多了，问题也就多了，比如，乱花钱、泡网吧、玩游戏、赌博等。对于这些问题，很多父母也一直很烦恼。给孩子的零用钱少了，怕孩子在同学面前抬不起头；给多了，又担心孩子乱花钱！

其实，这个问题并不难解决，只要引导孩子把钱存起来就可以了。不管什么时候，孩子身上所带的钱只要够日常开销就好了，多余的钱可以全部存起来，帮孩子另外开一个户头，让孩子自己管理。当孩子明白了储蓄的意义之后，自然也就拥有了正确的消费观，知道哪些时候该花钱，哪些时候不该花钱。

下面，我们再来看看著名理财师刘彦斌是怎样对自己的儿子刘士嘉进行理财教育的。

刘彦斌在他的一本书中曾这样说过：“教孩子理财，就是教孩子过日子。”在儿子刘士嘉还很小的时候，刘彦斌就开始向他灌输这样的观念：想买到好的玩具、漂亮的衣服等东西，就一定要有钱。在孩子9岁的时候，他每个月都给孩子1 500元的零用钱，并让孩子开始学着记账，而且不论买什么东西，都应事先制订出一个消费计划。结果，到了第二年时，儿子刘士嘉就有了自己的基金账户、银行账户和提款卡。

看到这里，可能有父母会提出：“给孩子这么多零用钱，岂不是纵容他乱花钱？还没上大学就有自己的基金账户，这样会不会对孩子的成长不利？”其实，这正是储蓄的意义所在。只要父母能够给予正确的引导，帮助孩子建立良好的消费观念，及早进行尝试与实践，让孩子有自己的消费计划，这样不仅能锻炼孩子的思维能力与运算能力，还能为孩子开启心智，有利于孩子今后的发展与成长。

储蓄不但能够以备不时之需，而且还可以让钱生钱。值得注意的是，如果只是把钱全部存起来，并不符合理财的初衷。因为赚钱就是为了花钱，而且只有让钱流动起来，才能使钱不断升值。所以，父母应该根据家庭的实际情况，以及孩子的性格特点，有目标地引导孩子支配自己的零用钱，并进行小额消费，按时记账。在这个过程中，父母要对孩子多一些鼓励，用欣赏与赞美的眼光看待孩子的理财，哪怕他们犯错，也要先接纳，然后再帮助他们改正错误。

教孩子储蓄是一件快乐的事情，无论是孩子在5岁之前“小猪存钱罐”的小额储蓄，还是孩子入学以后，定期给他零用钱、帮助他建立个人银行账户、储蓄大额的压岁钱等，父母都要与孩子形成良好互动，既不要强制性剥夺孩子的红包，或者限制孩子的消费，也不要让孩子任意挥霍。这样，孩子才能在运用的过程中学习什么是真正的理财。

王茜是一个性格开朗的女孩，今年刚上小学二年级，学习成绩也十分优秀，还是数学小老师。但是，王茜有一个缺点，就是喜欢乱花钱，存钱罐里的零钱根本存不住，尽管父母经常提醒她，但她就是听不进去。有一次，她又把存钱罐里的零钱花光了，买了两个发箍和一包贴纸，妈妈知道后十分生气，便问她："你觉得买这些东西有什么用吗？"王茜回答："我知道没什么用，但看到别的同学买，我也就跟着买了！"妈妈听了，觉得又好气又好笑，但又无可奈何，只好请教儿童教育专家。最后，妈妈听从了专家的建议，重新调整了对王茜的教导。

妈妈告诉王茜，如果每周能让存钱罐里的零用钱有剩余，那就奖励她 10 元。同时，每次出去购物时，她都刻意引导女儿，不管买什么东西，都要从自己的实际需要为出发点，而不是想要为出发点。看这件东西对自己有多大用途再决定买还是不买，同时要分清哪些是必需品、哪些可以延迟购买等。比如，王茜想买一个价格比较贵的画板，但不是那么迫切需要。于是，妈妈就告诉她，每天存多少钱，需要存多少天才能买到。这样过了一段时间，王茜就改掉了乱花钱的毛病，而且还养成了主动存钱的好习惯。

从这个案例中，我们可以看出，孩子存钱的确需要父母耐心引导。所以，父母应该视家庭的实际需求状况，帮助孩子建立起正确的消费观念。当然，这也是需要讲究方法的，如果施教方法不正确，再好的事也往往会变成坏事。这里，父母可以参考美国著名教育家尼尔·戈弗雷提出的一个方法：引导孩子把零用钱放到三个罐子里，第一个罐子里的零用钱用于日常开销，购买超市或商店里的“必需品”；第二个罐子里的零用钱用于短期储蓄，比如为购买“芭比娃娃”等较贵重物品；第三个罐子里的钱则长期存在银行里。在帮助孩子建立个人账户时，父母可以直接带孩子去银行，教孩子如何开户、存款、提款等，让孩子能够更清楚地了解储蓄的过程。而当孩子看着自己存折上的存款数目越来越多时，相信他对存钱这种理财方式会越来越感兴趣。

第六节 开源与节流是理财的最高境界

“开源”与“节流”这两个词，最早出自战国时期著名的思想家荀子的《国富篇》：“故明主必谨养其和，节其流，开其源，而时斟酌焉，潢然使天下必有余，而上不忧不足。”意思是说要想让国家富强，就得增加收入，节省开支。对于国家来说是这样，对于家庭就更是如此了。

那么，作为父母，应该怎样让孩子在理财方面做到开源与节流呢？在这一点上，华人首富李嘉诚先生给我们做出了榜样。

李嘉诚在自己的两个儿子李泽巨、李泽楷还很小的时候，就开始有意培养他们独立的个性，并没有因家庭富裕的条件而放纵他们。而且经常告诉他们，自己当年创业时，就像在岩石夹缝中生长起来的小树，所以希望他们也能自强自立，独立面对各种困境。

后来，李泽巨、李泽楷在美国上大学时，李嘉诚又鼓励他们边学习边打工。大学毕业后，兄弟二人本想回到李嘉诚的公司发展，但李嘉诚断然拒绝了他们。于是，李泽巨和李泽楷只好到加拿大去打拼，并克服了重重困难。最后，兄弟二人终于自立门户，一个创办了一家房地产公司，另一个则成为多伦多银行最年轻的合伙人。

从李嘉诚先生教育两个儿子的故事中，我们不难看出：培养孩子的创造精神与节俭观念，与家庭是否有钱无关。从表面上看，让孩子打工，是为了让他们懂得工作的成果，但实际上更是为他们今后走向社会打下坚实的基础。所以，让孩子付出劳力，实际上就是让孩子在不知不觉中学会开源与节流。

那么，具体应该怎么做呢？

刚开始时，父母可以根据孩子不同的年龄，帮孩子安排一些力所能及的家事，比如擦桌子、扫地、洗碗、擦玻璃等，由简易到困难；等孩子上学后，父母还可以鼓励孩子积极参加学校的各种活动，以及一些社会公益活动；孩子上中学后，就可以鼓励他们出去打工、兼职，并定期到福利院、养老院去做义工。这样，既能锻炼孩子的能力，磨炼孩子的意志，改掉孩子“衣来伸手，饭来张口”的惰性，又可以培养他们的节俭观念，进而做到更好地开源。

然而，在培养孩子“开源”方面，很多父母往往有一个错误观念，以为让孩子学会劳动赚钱就是“开源”。为了帮助孩子“赚”更多的钱，父母们甚至以让孩子多做家事的方式，给孩子相应的薪水，以作为奖励。这个方法看起来很聪明，因为这样一来，既可以减轻父母的工作量，还可以让孩子学会赚钱。但实际上，这种看似很明智的方法，不但收不到预期的效果，反而还助长了孩子的私欲。于是，父母们开始抱怨：“这孩子真是太不懂事了，一点也不能体会父母的良苦用心，只要让他帮忙

做点家事，还没开始动手，就先跟父母谈价钱……”然而，孩子似乎更有理：“我帮你做家事，你给我钱，公平公正，那不是天经地义的吗？”其实，孩子之所以说出这种歪理，不是孩子不懂事，而是父母在奖励孩子时没有把事情讲清楚，让孩子误认为父母和自己是“主雇”关系。既然是主雇关系，理所当然是给钱就做，不给钱就罢工了。

其实，为了鼓励孩子参与家事，父母给予孩子一定的金钱奖励是可以的。但问题的关键在于，父母在给孩子金钱奖励时，一定要向孩子说明，作为家庭的一个成员，谁都有义务做家事，而之所以给他钱，只是对他积极表现的一种奖励，并不是薪水。既然是奖励，那就是表现得十分出色才会有，而不是还没工作就开始跟父母谈价钱。

美国近代史上最著名的金融巨头约翰·皮尔庞特·摩根，当年靠卖鸡蛋和开杂货店起家，最终成为世界级的大富豪。但是，老摩根很明白，守业比创业更难。要使自己所创立的基业长青，仅仅靠自己是不够的，还要靠下一代去努力。于是，在他的孩子还很小的时候，老摩根就开始对他们进行理财教育。而他对孩子的理财教育就是从开源入手的。在孩子还很小的时候，老摩根就鼓励他们自己赚钱，孩子们为了得到父亲更多的奖励，都抢着去做家事，而且都表现得很出色。这样一来，最小的儿子托马斯因为年龄小，经常没有家事可做，收入也相对少一些，于是他只好把少得可怜的钱省下来，舍不得买自己喜欢的东西。这时，老摩根语重心长地对他说："你用不着在用钱方面节省，而应该想怎样才能多赚些钱！"小托马斯听了父亲的话后，深受启发，并想出了很多工作的点子，最后他存的钱也渐渐多了起来。托马斯长大后，曾经感慨地说："在理财中，开源永远比节流更重要，因为开源是主动理财，而节流则是被动理财。"

的确是这样，因为开源，才有财可理；因为节流，才谈得上理财。记得有人曾经说过："一个拥有 100 万的人，并不能称为百万富翁，充其量只是个存款额很高的人。只有将那 100 万进行连续投资，使 100 万再增值 100 万，才能成为真正的百万富翁。"所以，父母在教孩子理财时，首先要教孩子赚钱的方法，这样孩子才有可以理的财；同时要让孩子学会节省，也就是学会如何去花钱，否则如果赚多少花多少的话，同样也无财可理。

以下提供一些实际做法：

①鼓励孩子拿出一部分零用钱、压岁钱等存入银行，这样既可以防

止孩子乱花钱，还可以有利息收入。

②让孩子将自己闲置不用的书籍、物品拿到网络交换平台，去换取自己想要的东西，这也是一种储蓄，即资源交换，产生收益。

③鼓励孩子出去做一些兼职的工作，比如小区、商场、卖场等，一般都有适合孩子从事的一些工作。这样既可以锻炼孩子的能力，还可以增加孩子的收入，逐渐使孩子养成独立的性格。

④培养孩子的兴趣与爱好，比如养花、养鸟、手工制作等，并引导孩子把自己的作品或劳动成果拿去出售，使孩子实现自我价值。

⑤适当引导孩子利用自己的钱买股票、投资基金等。当然，需要注意的是，一方面，这个方法只适合大龄的孩子，至少需要 16 岁以上；另一方面，买股票、投资基金都是有风险的，所以不要让孩子投入过多。

总之，开源与节流是理财教育中的两块金砖，为孩子今后走向社会奠定了良好的基础。而且，开源与节流的理财观念也将伴随孩子的一生，既不是短时间的补课，也不是某个阶段的教育。所以，父母应该在遵循孩子成长规律的前提下，根据孩子每个阶段的智力发展状况、认知水平、接受能力等，对孩子进行潜移默化的教育，使孩子从小养成正确的金钱观的同时，学会创造财富、管理财富。

第七节 理财教育，重在身教

俗话说：“其身正，不令则行；其身不正，虽令不从。未有不能正身而能正人者也。”说的就是“言传”和“身教”的关系，而且强调“身教”重于“言传”。对孩子进行理财教育也同样如此。但是，在现实生活中，很多父母在教育孩子时，往往重“言传”而轻“身教”。当然，这些现象屡见不鲜，也不难理解，毕竟“言传”只是嘴上的功夫，只要动一动嘴皮就可以，而“身教”却不是一朝一夕就能够养成的，甚至还会受到孩子的监督。很多父母在教育孩子时，只在“言传”上下功夫，这样的教育方法往往无法达到预期的效果，甚至还会起反作用。

所以，想让自己的教育在孩子的身上产生效果，父母首先要做到以身作则，这可以说是一切教育最首要的原则。对于孩子进行的理财教育，尤其需要这样。所以，父母想帮助孩子建立正确的金钱观，自己首先要

“导正”自己的金钱观；想让孩子学会节俭，自己在平时的吃穿花费上，就要杜绝奢侈之风；要让孩子把钱存起来，那么自己每个月领薪水时，就要把应该存起来的那部分存到银行里。因为孩子通常是观察父母的言行来学习的，如果父母嘴上告诉孩子钱并不是一切，却在平常的生活中，以金钱去衡量一切，那么孩子肯定会大惑不解；或者告诉孩子，人要经由自己的努力，让自己过幸福的生活，但自己面对一贫如洗的家，却整天不思进取，那么孩子同样不明白父母到底要他做什么。

而在“身教”方面，著名的“童话大王”郑渊洁可以说是做到了极致，而且在亲身经历之后，有了独特的看法：“很多家长有了孩子后，总是把所有的希望都寄托在孩子身上。而我有了孩子后，则把所有的希望寄托在自己身上。我的孩子出生时，我既没有名气，也没有任何的成就。但是我认为，合格的家长是：把为家族创造荣耀的重担让自己来挑，给孩子构建一个轻松惬意的人生；不合格的家长是：把为家族创造荣耀的重担让孩子来挑，自己则不思进取。我当然想要做合格的家长，所以，从孩子出生的那天起，我就开始拼命写作，希望经由自己的奋斗来改变人生，并影响孩子。在孩子 2 岁的时候，我创办了一本杂志——《童话大王》，而这本月刊的内容全都由我自己来写，这是古今中外从没有的先例。我当着孩子的面，一个人把这本月刊写了 25 年，直到今天还在发行。而我之所以这样做，是为孩子做出榜样，让他看到自己的父亲是如何借由自己的努力，将一个一贫如洗的家变得富有的。”

“所以，有了孩子之后，你一定要让孩子目睹父母白手起家，创造辉煌的全过程，这才是真正的教育。到头来，你会发现这是一箭双雕：你成功了，孩子也成功了。”

当然了，所谓的“身教”，其实还包括很多。只要你用心，就会发现生活中的点点滴滴都可以成为“身教”的例子。比如，家里的某个电器坏了，有心的父母一定不会把这个电器扔掉，然后买一个新的，而是尝试着去维修，如果修好了，就继续用，实在修不好，再考虑买新的。而在这个过程中，如果让孩子看在眼里，那么孩子心里会想：“爸爸妈妈真是勤俭节约，从来不乱花钱，我也要像爸爸妈妈一样才行。”又比如，看过的报纸或者旧杂志，不要看完就随手扔掉，而是收集起来，等到一定的数量之后，让孩子拿去卖给废品回收站，就当是给孩子的零用钱。这样，孩子就会知道什么叫废物利用。渐渐地，孩子就会发现，生活中赚钱的机会其实无处不在。下面，我们再来做一个小测试：

①在没有读这本书之前，你了解多少关于理财方面的知识？

②你知道现在市面上有哪些理财产品吗？

③你购买过理财产品吗？

④除了固定的工资收入之外，你还有其他的收入吗？

⑤你对理财感兴趣吗？

⑥你和孩子交流过有关金钱方面的问题吗？

对于上面的六个小问题，如果你的答案有四个以上是肯定的，那么你完全可以胜任理财教育这个工作；如果对于这些问题，你还是觉得很陌生，那也没关系，只要你认真地读完这本书，相信你很快就会找到适合自己的方法。

第二章　理财要从今天开始

让孩子理财一定要趁早，因为越早开始，收益就越大。作为父母，帮助孩子规划理财教育是十分重要的，因为这将决定他今后会成为富人还是穷人，甚至决定他一生的生活质量。

引言

很多人认为：理财是富人的事，并从中引申出另一个结论——理财是大人的事。至于孩子，只要让他知道父母赚钱不容易，懂得珍惜父母的劳动成果就可以了，没必要现在就开始教他理财。其实，这两种理论都过于偏颇。首先，理财并不是富人的专利，而是任何人都必须去面对的问题，也是任何人都可以学习的方法。与富人相比，普通人更需要理财，而且可以经由理财让自己也成为富人。其次，对于孩子来说，让他们尽快学会理财也很有必要。如果你的家境比较清贫，就要让孩子尽早地学会理财，这样他才可以帮助你尽快改变这种贫困的境况；如果你的家境十分优越，更要让孩子学会理财，这样才能避免他把你辛苦创下的这份家业给挥霍掉。

第一节 培养孩子理财要趁早

有人曾经算过这样一笔账：一个人如果每个月拿出5 000元来储蓄，从20岁存到60岁，那就是将近250万元；如果从30岁开始存，存到60岁，就不到200万元；如果从40岁存到60岁，则不到150万元；如果从50岁开始存，那么到60岁时，那就不到100万元。

所以，让孩子理财一定要趁早，因为越早开始，收益就越大。尤其是滚雪球式的理财模式，开始得越早，效果就越惊人。然而，很多父母在面对是否要对孩子进行理财教育这个问题时，却往往不愿接受，认为孩子还这么小，对其进行理财教育有点太早了！有的甚至认为跟孩子谈钱，会使孩子从小就沾上“铜臭”味，所以对于这个话题根本不屑一顾。

其实，随着生活条件的日益提升，对于孩子的理财教育已经显得越来越重要，甚至是刻不容缓了。

我们先来看一个案例：

12岁的北京男孩明明，是北京一所小学五年级的学生；美国男孩约翰，也是12岁，在北京的一所私立学校上学。在儿童节那天，家长多少都会给孩子一些钱。明明的爸爸和爷爷给了他200元，约翰的妈妈给了他100元。

当天早上，明明出门时，先花了5元钱吃早餐，然后和其他小朋友一起去商店玩，很快就看上了一件小礼品，便花了20多元钱把它买下来，作为送给自己的礼物，然后又坐出租车到餐厅去与同学聚餐，车费花了16元，餐费花了30多元。下午又买了两本漫画书，花了20多元，接着又花了20元坐出租车到家门口的超市，再进去买了一些零食，又用掉30多元。这时，明明只知道自己口袋里还有剩余的钱，至于还剩多少，他也懒得去数，当然也压根就没有想过要把剩下的钱存到银行去，只想着明天继续花就行了。

而约翰呢，一早起来，先在家里吃过早餐，然后坐公交车到学校去参加节庆活动。下午学校安排了野营活动，约翰也参加了，但所吃的食物都是从家里带的。途中经过商店，大家一块下车购物，约翰经过仔细挑选，选择了自己很喜欢的一件小礼物，花了10元。下午回家时，路过一家玩具店，约翰又花20元买了一件很耐玩的玩具，将来自己不玩时还能卖掉（又可以小赚一笔）。到家时，约翰发现时间还早，于是来到银行，把剩下的70元存入自己的账户。约翰从4岁开始就拥有自己的存款账户，并开始存钱。如今，约翰的户头上已经有2万多元了，他又用这些钱来买一些有潜力的股票和基金。对此，约翰充满自信地说，等他长大后，这些钱将成为他上大学所需要的费用。

从上面的这个案例中，我们不难看出，北京孩子和美国孩子的差异，主要源于父母是否对孩子进行过理财教育。

今天，全世界的教育专家对于孩子的理财教育已经越来越重视，其目的就是通过理财教育，使孩子能够尽早拥有理财的观念，为今后创造财富打好基础。而学者们经研究发现，培养孩子理财的能力要趁早，一般来说，12岁以前是培养孩子理财能力的黄金时期，所以父母最好要及早做好准备。

约翰·富勒小时候，家中有7个兄弟姐妹，他从5岁开始工作，9岁时会赶骡子。约翰·富勒的家里虽然很穷，却有一位很了不起的母亲，她经常和富勒谈自己的梦想，并说："我们不应该这么穷，不要说贫穷是上帝的旨意。虽然我们很穷，但绝不能怨天尤人，那是因为你爸爸从未有过改变贫穷的欲望，所以家中的每一个人都胸无大志，安于现状。"母亲的这些话，一直深埋在富勒的心中，也使他一心想跻身于富人之列。于是，富勒开始努力追求财富。

12年后，富勒接手了一家被拍卖的公司，并且还陆续收购了7家公司。而富勒在谈到自己成功的秘诀时，还是用多年前母亲的话来回答："我们很穷，但绝不能怨天尤人，那是因为爸爸从未有过改变贫穷的欲望，所以家中每一个人都胸无大志，安于现状。"而每次受邀演讲时，富勒更是充满自豪地强调："虽然我不能成为富人的后代，但我可以成为富人的祖先。"

美国著名的教育专家戈弗雷曾经写过一本书，书名就叫《钱不是长在树上的》，书中所讲的就是教孩子进行理财。戈弗雷认为，孩子在12岁以前就应该基本上掌握有关消费的知识。所以，父母在孩子12岁之前，就要培养孩子的理财观念。比如，孩子在6岁左右，就要让他知道每一分钱都不是白来的，要付出劳动，才能得到金钱的回报；孩子到8岁左右，就要让他知道把钱存到银行里，而不是赚一元花一元，甚至赚一元花两元；9岁时，就要教孩子学会制订一些简单的开销计划，买东西时要知道货比三家，而不是盲目消费，甚至是冲动消费；10岁时，就要让孩子懂得节省每一元钱，为将来的大笔开销做好准备；11岁时，就要让孩子知道所有的产品广告都有夸大其词的成分，不要轻易相信广告，更不要被广告牵着鼻子走；12岁时，可以教孩子进行一些简单的投资，让孩子明白一点让钱生钱的道理和方法，并逐步建立起正确的金钱观。

第二节 金钱有“铜臭”味吗

金钱有“铜臭”味吗？这个问题看起来十分可笑，却不知曾经误导了多少人。所以，今天我们有必要把这个问题提出来，然后重新进行探讨，并通过一些具有说服力的案例，揭开这个问题的答案。

我们都知道，美国人特别注重孩子的理财教育，在孩子很小的时候，就开始培养孩子的金钱观念。但是，美国人从来就没有所谓的“铜臭”味的思想，他们鼓励孩子从小就靠自己的劳动赚钱，并教导孩子用正当的手段获取财富。

在美国中小学生中，曾经有这样一句口头禅：“要花钱，打工去！”可以说，美国的家长在孩子还很小的时候，就开始对孩子进行理财教育，而不是一味地把孩子关在童话世界里。在孩子3岁左右，他们就开始教孩子学会辨认硬币和纸币，并教孩子辨识货币上的图案和数字，认识钞票的币值。一般而言，美国的孩子在6岁左右，就已经拥有“自己的钱”的想法。在此基础上，美国的家长又教会孩子掌握理财的能力，并使孩子建立起“取之有道，用之有度”的观念，学会量入为出。此外，父母还鼓励孩子自己出去买东西，因为这样可以给孩子学习理财的机会，并教孩子在购买东西的过程中，如何货比三家，进而买到物美价廉的商品。如果孩子在买东西时，确实货比三家或与卖家讨价还价而省下钱，父母还会给孩子一点奖励，目的是让孩子学会节约用钱。

美国父母的这种做法，从短期来看，可以让孩子学会勤俭节约，以及合理地花钱；从长远来看，则是培养了孩子的理财能力，并使孩子因为拥有这个能力而终身受益。也正是有了父母的正确教导，孩子从小就习惯珍惜每一分钱，并将每一项收入和开销都记录得清清楚楚，而且在每一次向父母要钱时，也要将上一笔钱的支出情况详细地汇报给父母。当然，所有的这些都是源于父母的要求。石油大王约翰·洛克菲勒在他的孩子还很小的时候，就开始对孩子提出这样的要求，孩子们也很乐意，并争着把自己认真记录下来的账本给父亲过目。洛克菲勒就是用这种办法，使孩子从小就养成不乱花钱的习惯，并且对每一笔钱都精打细算。而孩子们长大后，也没有辜负洛克菲勒的期望，不但个个都是理财高手，而且都能够独当一面。

沃尔玛连锁集团的创始人山姆·沃尔顿，是一个拥有巨额财富的大富豪，但他简朴的生活，以及对子女所进行的“勤俭节约”的教育，与他的身份和他所拥有的巨额财富形成相当大的反差。

沃尔顿在孩子还很小的时候，就没有给过他们零用钱，而是要求他们自己去争取。所以，他的四个孩子从懂事的那天起，就开始帮父亲工作了。而孩子们所做的工作，跟普通的工人并没有什么差别，不外乎是一些诸如擦地板、修补房屋、装卸货物等付出劳动的工作。父亲付给他们的工钱，也与其他的工人一样，并没有多发给他们一毛钱。罗布森·沃尔顿是四个孩子中的老大，他在刚刚成年的时候，就考取了驾驶执照，接着就开车上路，给零售点运送商品，而且大都是在夜里出发。罗布森后来回忆说：“刚开始时，父亲让我们将自己的部分收入拿出来，成为商店的股份。后来，商店越做越大，我们当初所投入的那点钱，也变成了商店运作的最初资本。”

从沃尔顿对孩子的教育中，我们看到了两点：一是让孩子用自己的劳动去赚钱，二是让孩子把收入的一部分拿出来进行投资。这两点虽然看似简单，却是教育孩子的关键所在，也是理财教育的关键。如果阅读本书的每一位父母也能够像沃尔顿一样去教育孩子，那么孩子的未来又有何忧呢？

第三节 抵制贪欲才能理好财

有这样一个故事：

一个沿街流浪的乞丐每天总在想，我手里如果有两万元就好了。一天，他在大街上无意中发现了一只迷路的可爱小狗，他看了看四周，发现没有人，便偷偷把这只小狗抱回自己居住的窑洞里，然后拴了起来。

原来，这是一只纯正的进口名犬，它的主人则是小城里有名的大富翁。当富翁知道自己的爱犬丢失后，十分着急，到处寻找，并贴出“寻犬启事”，声称如有捡到者，将小狗送回即付给酬金两万元。

乞丐看到启事后，便飞快地跑回自己的窑洞，迫不及待地抱着小狗去领取那两万元酬金。但是，当他路过那则启事的跟前时，却发现启事

上的酬金已经涨成了三万。乞丐不由得停下了脚步，并开始在心里打起了算盘，最后决定将小狗抱回窑洞中。第二天、第三天，酬金又涨了，直到第七天，当酬金涨到让市民都感到惊讶时，乞丐才兴奋地跑回窑洞去抱小狗，并做起了发财的梦。然而，让他万万没有想到的是，那只小狗已经被他活活给饿死了……

读完这个故事，或许我们会嘲笑那个乞丐真是太傻了，也太贪心了。如果他看到那则“寻狗启事”后，就立即把那只小狗送还给主人，他就能够顺利地得到三万元的酬金，但他的贪心却使他到头来只是一场空。然而，如果扪心自问一下，我们每个人的内心和那个乞丐又有什么区别呢？

德国著名的哲学家尼采（Friedrich Wilhelm Nietzsche）曾经说过：“人最终喜爱的是自己的欲望，而不是自己想要的东西。”的确是这样，在现实生活中，人们所追求的东西，往往并不是自己所需要的，而是欲望驱使的结果。大人如此，小孩当然就更可想而知了。现在，很多孩子从幼儿园开始就学会比较。例如，看到别的小朋友穿上了溜冰鞋，也吵着要爸爸妈妈买给他们；在美术课上，很多孩子比的并不是自己的绘画水平，而是炫耀自己的画板与彩笔有多漂亮，“我的画板是名牌！”“我的彩笔是百货公司买的！”“我的彩笔是妈妈从美国买回来的！”……

孩子的这些比较风气，如果没得到有效的引导，最后往往会转变成为一种贪欲。而孩子的贪欲一旦养成，就会使他陷入欲望的深渊而无法自拔，父母也会被弄得束手无策，甚至是焦头烂额。

那么，父母应该如何帮助孩子控制贪欲呢？

记得很早以前，美国斯坦福大学曾经进行过一个著名的“棉花糖实验”。他们找来了一些三四岁的孩子，先把他们带到一个屋子里，然后给他们每人一块非常好吃的棉花糖，并告诉他们，大人要离开屋子半个小时，在这半小时之内，如果哪个孩子没有把那块棉花糖吃掉，那么等大人回来之后，还会再给他一块棉花糖。

结果，大人刚刚走出屋子，很多孩子就迫不及待地把手里的那块棉花糖给吃掉了，只有少部分孩子控制住了欲望，没有在半个小时之内把那块棉花糖吃掉，并获得了另一块棉花糖的奖励。

然而，实验并未就此结束，实验者又对这些孩子进行了长年追踪调查。结果发现，当初那些在半个小时之内把棉花糖吃掉的孩子，他们长大以后，表现大都很平庸；而那些可以忍着不把棉花糖吃掉的孩子，他们长大之后，大都成了成功人士。

这个实验实际上告诉我们：大多数孩子是控制不了欲望的，只有少部分的孩子能够做到这一点。但是，我们也应该知道，经由不断训练，可以帮助孩子为了长远的目标而控制眼前的诱惑。

其实，我们每个人都有欲望，也都有面对诱惑的时候。而我们要教给孩子的是，当眼前的诱惑与长远的目标发生冲突时，就必须学会果断地拒绝眼前的诱惑，能够自觉地控制欲望，进而赢得更美好的未来。当然，父母的这种用心，孩子未必能够理解。这个时候，父母教育的方法和技巧就显现出来了。

我们先来看下面的一个案例：

4岁的明远特别喜欢飞机模型，虽然家里已经有了各式各样的飞机模型，这些模型甚至已经堆满了他的小卧室，但他每次跟父母出门逛街时，只要看到飞机模型，还是忍不住要买，并用命令式的口吻对父母说："我就喜欢这个，你们必须买给我！"而面对明远这样无理的要求，以及所显露出来的霸道，他的父母并没有恼火，也没有直接说不能买，而是用商量的口吻对他说："宝贝，爸爸也很喜欢这个飞机，也很想买给你，但爸爸这个月的薪水还没有发，我们先等等再买好吗？"而妈妈则装出一副可怜的样子，对他说："妈妈赚钱也很辛苦，每天下班回家都累得走不动，你要是真的心疼妈妈，我们先不买这个飞机好不好？"就这样，在父母的引导下，小明远终于变得越来越乖，能够自觉控制眼前的诱惑了。

从这个案例中，我们不难看出，只要父母在教育孩子时学会变通，灵活运用各种方法，一般都能够达到预期的效果。一般而言，幼儿时期的孩子面对眼前的诱惑时，克制能力比较弱。所以，对于孩子的一些要求，即使看起来是无理取闹，父母其实也用不着大动肝火，对孩子大加斥责，甚至不需要断然拒绝，只要进行适当的引导，将孩子的注意力转移到其他的地方就可以了。

第四节 让孩子在购买玩具中学会理财

玩具是孩子的朋友，也是孩子人生中的第一部“教科书”，可谓是孩子的良师益友。就像电影《玩具总动员3》中，安迪长大成人后，离开家去上大学时，由于舍不得巴斯光年和胡迪等陪伴他度过十几年的玩具，于是想将它们放在自家的阁楼里。

如今，随着生活水平的不断提高，各种益智类玩具、电子玩具也大量涌现，父母在满足孩子对玩具的需求方面，出手也越来越阔绰。而父母们之所以这样做，当然是出于对孩子的爱，同时也希望这些玩具能够帮助孩子开发智力，使孩子越来越聪明。这些想法当然是没有错的，只是大部分的父母往往只知道满足孩子的需求，却不知道哪些玩具真正适合自己的孩子，或者哪些玩具根本不用买给孩子。

在理财教育方面，专家们曾提出一个著名的“5W原则”。这个原则虽然不是放之四海皆准，但在教孩子购买玩具这方面，可以说不但具有积极的借鉴作用，而且还具有很强的操作性。

如果我们将这个“5W原则”套用在如何教孩子购买玩具上，那就是：

①Why：为什么要买玩具？在孩子提出要购买一种新玩具时，一定要他给出一个适当的理由。

②What：要买什么样的玩具？由于孩子的心智尚未成熟，所以父母在给孩子购买玩具时，对于玩具的类型与价格，也要有一个明确的界限。

③When：什么时候去买玩具？什么时候买，这不但关系到孩子对玩具的需求，同时也关系到父母的财务安排。所以，什么时候买玩具，一定要跟孩子说清楚。

④Where：去哪里买玩具？虽然是一样的玩具，但每个地方的价格可能有所不同，所以在教孩子购买玩具时，要告诉孩子哪里的玩具应该会卖得比较便宜。

⑤Who：谁去购买玩具？这个问题当然没有标准的答案，因为所有的问题本身就是开放的，答案当然不可能是固定的。只是，父母一定要清楚，在什么情况下是自己单独买给孩子，在什么情况下自己带着孩子去买，在什么情况下可以让孩子单独去买。

可以说，只要父母把这个“5W原则”都弄清楚，并将其贯穿于日常生活中，那么父母在给孩子购买玩具时，不但能做到心中有数，而且还可以教给孩子一些有效理财的技巧。

当下存在这样一种现象：很多年轻父母有了孩子后，喜欢给孩子购买一些电子玩具。因为他们觉得这种玩具很有益智性，可以让孩子通过玩游戏，尽早开发智力。但实际上，这是错误的。据我国青少年研究中心的一项调查显示，80%的独生子女都有不同程度的攻击性，20%的孩子认为自己没有知心朋友，40%的孩子觉得同学不喜欢自己。而这些孩子之所以会这样，最主要和最直接的原因就是电子玩具造成的。一些电子玩具虽然花样很多，孩子也很喜欢，但往往容易上瘾，甚至到爱不释手的程度。这样一来，问题也就出来了，孩子的智力不但没有被这些电子玩具开发出来，相反的，倒使孩子变得越来越不合群、越来越孤僻，甚至不知道该怎样与同龄的伙伴交往。

说到这里，我不禁想起发生在好友梅子身上的一段经历。她与老公都是高级知识分子，当初怀孕时，她已经属于高龄产妇，所以生下儿子后，两人对孩子更是宠爱有加，一心想给孩子一个良好的生活环境。在孩子刚能用手抓握东西时，梅子的老公就经常给儿子买玩具，玩具的种类也很多，包括磨牙的、充气的、装电池的玩具等。后来，儿子学会走路了，他们夫妻每次出差，也都会为孩子带回来一件玩具。

等儿子上幼儿园时，他们发现，儿子对幼儿园的任何玩具与游戏都不感兴趣，变得越来越孤僻，而且脾气很大，他们怎么哄都无济于事，即便是买给他新的玩具，他也没有兴趣，甚至还把玩具故意摔坏。梅子以为儿子得了什么病，但带他去医院检查时，却发现一切都正常。无奈之下，梅子只好向心理专家请教，经过专家的分析后，梅子才恍然大悟，意识到所有的这些问题，都是自己给孩子买太多玩具造成的。

其实，父母帮孩子买玩具本身没有错，关键的问题在于有没有一个限度。如果没有考虑到这些因素，只是一味地买过多的玩具给孩子，不但对孩子的成长无益，反倒阻碍了他们的身心健康发展。

那么，父母应该怎样为孩子购买玩具呢？可以根据以下几方面来进行选择：

①在帮孩子挑选玩具时，千万不要盲目跟随。在网购、团购盛行的当下，玩具的种类与功能也越来越多，所以父母在帮助孩子挑选时，不要只看广告，或其他孩子买什么就给自己孩子买什么，而是要从实际需求出发，根据自己孩子的需求进行挑选。

②父母给孩子购买玩具时，还要结合孩子的成长阶段：

1岁以内的孩子，一般适合玩摇铃、有声音的玩具，这些玩具可以给予他们视觉、听觉方面的适宜刺激，促进孩子大脑皮层的发育。

1～2岁的孩子，这个时候一般已经会走路了，父母可为他们挑选一些拖拉型的玩具，以训练他们能够稳定行走。

3岁的孩子，可玩的玩具相对多一些，比如汽车、拼图等；等到孩子上了幼儿园后，父母还可以根据孩子的不同兴趣与性格倾向为他们买玩具，以训练他们的思维能力、想象力、动手能力、语言表达能力等。此时，孩子适合玩的玩具一般是球类、棋类、模型等。

所以，千万不要小看一件小小的玩具，因为它不仅仅关系到孩子的童年过得快不快乐，更关系到孩子一生观念的形成，尤其是理财观念的形成。这也将决定他今后在生活中会成为哪种类型的人。

第五节 没有规划就没有理财

曾经在报纸上看到过这样一个故事：

在美国，有个小男孩在达拉斯市的街头捡到一个苹果，他没有马上把这个苹果吃掉，而是用这个苹果和一个男孩换了一支彩笔和10张绘画用的硬纸板，并把这些硬纸板做成了站牌，以一美元的价格在车站出售。两个月后，这个男孩便用卖站牌所赚的钱制作了一些精美的迎宾牌，而且销路出奇地好。

过了一年，小男孩便用手中的5 000美元在郊区买下了一个小旅店，经过努力打拼，很快又赚到了5万美元。后来，他用这笔钱租下了位于达拉斯商业区大街转角处的一块土地，接着把土地作为抵押，去银行贷到了30万美元，与此同时，他又找到一个合作伙伴出资20万美元入股。过了一段时间，以这个年轻人的名字命名的旅馆建成了，这个旅馆就是后来闻名全球的“希尔顿酒店”，而这个年轻人就是美国旅馆业巨头，有“旅店帝王”之称的康拉德·希尔顿。

康拉德·希尔顿的不平凡经历告诉我们，赚取财富不仅要靠

双手，还要用头脑，即如何利用手中的资源进行升值。而所有的这些都需要规划。可以说，没有规划的人生，将注定是失败的一生，也是贫穷的一生。

再来看另一则故事：

某国王在出门远行前，交给三个仆人每人一锭银子，然后对他们说："你们拿这锭银子去做生意，等我回来时，你们再来见我。"

等国王回来时，三位仆人便如约前来，将自己的情况报告给国王。第一个仆人说："主人，你给我的一锭银子，我已赚了十锭。"于是国王奖励了他十座城邑。第二个仆人说："主人，你给我的一锭银子，我又赚了五锭。"于是国王又奖励他五座城邑。第三个仆人报告说："主人，你给我的那一锭银子，我一直包在手巾里，因为我怕丢失，所以没有拿出来。"国王听了，便命令将第三个仆人的那锭银子赏给第一个仆人，并且说："凡是有的，还要给他，使他富足；但凡没有的，连他所有的，也要夺去。"

对于这个故事，美国著名的学者罗伯特·莫顿曾将其定为"马太效应"，即穷者愈穷，富者愈富。而国王的那三位仆人，实际上就代表了现实生活中的两种人，前两位属于既有经济头脑，又有理财规划的那种人，他们敢于投资，敢于冒险，敢于创造财富，所以他们会越来越富有；而第三个人则没有什么经济头脑，也就是没有理财规划，不管做什么事，都是瞻前顾后，只知道安于现状，结果只会越来越穷。

其实，很多人刚生下来的时候，家庭条件都差不多，有的甚至家境贫寒，但等到他们长大成人之后，他们的生活状况却完全不同：一部分人通过投资、理财，经济状况渐入佳境，过上宽裕的日子；另一部分人却束手无策，坐等机会，终生在贫困线挣扎，更谈不上个人发展了。是否肯去投资，是否善于理财，对于缺钱者来说，其结果截然不同。缺钱时可以有两种选择：一种是安于现状，不知道如何理财，其结果当然是如国王的第三个仆人那样，永远没有钱；另一种选择是设法去投资理财。而投资理财又可能出现两种结果：失败或者成功。但实际上，只要在有财可理的情况下有计划地投资，那么即使失败了，也不会影响你的正常生活。而一旦成功，你的财富就会像滚雪球一样越滚越大。遗憾的是，很多人根本不懂得这个最简单的道理，他们只是简单地认为：有钱的会继续有钱，没钱的会继续没钱。殊不知，有钱的人如果不懂得理财，也会变成穷人；而没钱的人经由理财，也会渐渐地成为有钱人。

在德国多特蒙德足球场的旁边，有一间矮小的房屋，里面住着一对老夫妇，男主人每天的工作就是清扫球场，在比赛之前修整草坪。然而，如果我们说出这位老人的名字，相信大家都会吓一大跳，因为他就是当年曾经叱咤球场的著名球星——罗塔尔·胡伯。

而此时，已经变得又老又穷的罗塔尔·胡伯，在辛苦工作之余，只能在不断地叹气中重复着“如果我当年节省一点……”之类的话，后悔当年的奢华生活。

据一项对150位退役球星的调查显示：在退役的球星中，只有9%的人还维持着以前的生活，44%的人过着普通平凡的日子，21%的人则负债累累。这项调查报告让我们大吃一惊的同时，也不禁让我们产生了这样的疑惑：那些著名的球星，他们的身价曾经是以亿来计算的，到底是什么原因使得他们的人生从顶峰迅速跌入谷底呢？唯一可以解释这种现象的，其实只有一个原因，那就是他们不会理财，所以才最终导致了财不理他们。

总之，理财也是一种技能，没有人生来就会。但只要你愿意学，就没有学不会的；只要你愿意教，也没有教不会的。关键在于你的人生有没有规划，如果有规划，这财你是非理不可；如果没有规划，那么你只好计划着如何过好穷人的日子。所以，作为父母，帮助孩子规划理财教育是十分重要的，因为这将决定他今后会成为富人还是穷人，甚至决定他一生的生活质量。

第六节 别让孩子成为“啃老族”

目前，社会上普遍存在着这样一种现象：一个已经大学毕业了的孩子，却不出去找工作，而是继续待在家里靠父母过日子。像这样的人，在今天的社会中不在少数，而是有相当比例，于是人们便给这种人取了一个名字——“啃老族”。

这些“啃老族”有的已经在家闲了十几年了，甚至于有的已经30多岁了，还是没有工作而在家“啃老”。这种现象不能不说是当前社会的一种悲哀。为什么在我们的社会中竟会出现这种现象呢？原因当然是很多的，有历史的原因，也有现实的因素。

从历史原因看，自清朝以后，就有一些不利于孩子成长的社会制度。因为清朝的政权是由满族建立的。满族就是所谓的旗人，有八旗兵、八旗贵族，当然又分为满八旗、蒙八旗、汉八旗。八旗的后人也被

俗称为“八旗子弟”，尤其是满八旗的子弟，他们被视为社会的统治阶层。清朝政府就有制度规定，对于满八旗的子弟，都由国家政府发官粮，官粮一直发到老，一生都由国家供养。而这样的制度，很快就把那些满八旗的子弟塑造成为“啃老族”。

当然，在今天现实的社会中，也有一些因素促使这种现象往更加严重的方向发展。目前，虽然不再有哪些人的子弟从出生就被包养这样的制度，但在这样的历史传统的影响下，却有一些现实条件促进了这种现象的发展。现在的家庭，尤其在城市的家庭中，绝大多数孩子都是独生子女，家里就只有一个孩子，所以每个家庭都以孩子为中心，将其视为掌上明珠，唯恐孩子会受到什么伤害，每个家长从精神到物质各方面都宠着这些孩子，不肯让他们参加一点劳动和锻炼。许多家长甚至持有“劳动、吃苦为耻，坐享其成为荣”的错误观念，也导致社会上出现了越来越多的“啃老族”。

而这种“啃老族”的出现，不论是对个人、家庭，还是对于社会来说，都是一种可悲的现象，更是一种危险的倾向。

与之相对应的是，在国外的一些发达国家，就很少有这种“啃老族”的现象，因为他们的孩子几乎从小就开始养成独立生活的习惯，只要孩子一满18岁，不管家庭多么富有，孩子都必须独立谋生。

全世界都知道犹太人理财术独步天下，殊不知，犹太家长从小就灌输孩子“不劳无获”的法则。以色列家庭教育有句口号：“要花钱，自己赚！”当孩子想要父母满足他们的愿望时，犹太父母会告诉他们，你必须通过自己的努力，才能换得你想要的东西。尤其是富爸爸们对这一口号更是大力支持，没有一位“扯后腿”“走后门”“搞小动作”的。在犹太父母看来，优越的家庭条件并不一定是好事，再富也不能富孩子。正像我们中国人常说的那句老话：“艰难困苦，玉汝于成。”

天下父母没有不爱自己孩子的，如果你问爱的程度有多少，答案是爱无上限。在爱的程度上，犹太家长和华人家长不分伯仲，都是赴汤蹈火，都是掏心掏肺。但是，在如何爱孩子，爱的目的、爱的理念、爱的方式、爱的技巧上，犹太家长和华人家长却有着明显的不同。

犹太家长拒绝“啃老族”，他们以“培养孩子的开拓精神，成为能够自食其力的人”为出发点，点燃孩子生命深处的潜能。他们从爱孩子就要为他们深谋远虑出发，把学会独立生存作为最贵重的礼物送给孩子。

犹太家长不光是嘴上说说这些理念，还会身体力行。就拿我在以色列特拉维夫的邻居来说吧！

他们家的小孩子是名副其实的小主人，而不像中国家庭的“小皇帝”。

孩子们经常参与家庭的各种活动，跟父母一起做些力所能及的家务事，如整理房间、做简单饭菜、收拾院子、种植花草树木、擦洗汽车、购买东西等。犹太家长认为家事是孩子生存教育的基础课程。

别误会犹太孩子帮父母做家务事，或者是自己出去打点小工，是受钱的驱使，是把家庭关系退化成金钱关系。在犹太父母看来，金钱教育绝不仅仅是一种理财教育，而且还是一种人格、品德教育。犹太人对孩子的培养重视长线投资，他们不会担心，孩子今天去摆地摊，就代表他要一辈子都摆地摊。品尝了生活的真实味道，寻找到人生的坐标和榜样，更激发了孩子们建立人生理想的愿望，相比之下，锦衣玉食的孩子反而更不容易建立目标。

而且，家事、财商能力从幼儿开始培养，并不是说犹太人不尊重知识。相反的，犹太家庭以产生博士为荣耀。犹太人中产生的诺贝尔奖得主、学科领域的代表人物以及各类专业人才，其人数之多，占人口比例之高，是其他民族望尘莫及的。

对犹太父母来说，他们愿意支持孩子读博士，博士读完后目的不是为了让孩子拿到一纸文凭，而是帮助孩子拥有实现美好人生的能力和素质。反观我们这几代父母，把学习成绩视为教子成功的表现，根本不把孩子的生存能力放在心上，或者认为生存能力等有了高学历之后再培养也来得及。结果呢，父母当惯了孩奴，最后培养出“啃老族”。

让孩子远离“满足陷阱”。很多家长在家庭教育中都处于一种被动的局面，对孩子付出一片爱心却不被其领情。为什么家长越理解孩子，越体恤孩子，越满足孩子，孩子反而不理解家长，不体恤家长，甚至是折磨家长呢？

在犹太家长看来，这是由于家长只知道“爱”而不知道“教”造成的。犹太家庭教育之所以成功率很高，就在于他们很重视从小为孩子建立家规。为了让孩子更好地理解家规、尊重家长，他们还设计了很多小技巧：比如说，家长们会特别建议学校组织一些“了解家情”活动，配合自己的家庭教育，帮助孩子体谅父母持家的不易，进而学会珍惜和负责任。

我儿子所在的中学就曾经做过“爸爸妈妈的一天”的社会调查，调查爸爸、妈妈从早晨起床到晚上就寝所做的事情，这让儿子和他们的同学感触颇深。儿子回来跟我说，在调查总结课上，好多同学都哭了，他们没想到，爸爸妈妈赚钱原来这么不容易。一个曾经跟妈妈要名牌溜冰鞋的同学，在他亲眼看到妈妈在嘈杂的机器声中忙碌的背影后，惭愧地说：“调查那天，我看妈妈的胳膊都累得抬不起来了。”他为自己平时不体谅妈妈的辛劳而惭愧。

大人适当地向孩子通报家中的情况并非坏事。如此一来，孩子们会更加懂得珍惜生活，珍视父母日出而作、日落而息的艰辛劳动，不再把父母当成提款机。以往对家中情况知之甚少的孩子，则会对父母的辛苦工作加倍体恤。

以色列学校的家长座谈会，跟国内家长会不同的是，在家长会上，老师鼓励家长们多说多问，并邀请一些家教专家给各位父母现场答疑解惑。我很多教育理念的转变都是来自这些座谈会，比如“在爱的名义下做好家庭规范”。以色列的教育学家认为：锦衣玉食的孩子被“超前满足”“超量满足”“实时满足”久了，会形成一种错误的认知，觉得深爱自己的父母做这些是天经地义的，进而产生理所当然的唯我独尊心理，你再给他定什么家规都是无济于事的。

以色列家长有一个教育谋略特别有趣，翻译成中文大意就是：没有条件也要创造条件。他们要创造什么条件呢？原来，不论富人家庭还是普通家庭，父母们都会刻意“创造”一些艰苦的环境，磨炼孩子的意志和智商。唯恐孩子缺乏家规走上“伪贵族化”的歧途，很多犹太富爸爸们还经常安排自己的孩子去参加“饥饿体验”。比如带孩子一起去非洲的贫穷地区参观和做义工，让孩子了解这个世界。

犹太家长苦心地模拟家庭情境，或者送孩子到一些特别的贵族学校去吃苦，目的都是为了让孩子不落入“超量满足”“超前满足”的甜蜜陷阱中，因此，他们的孩子常常是人才辈出并遍布全世界，这都是在犹太人的家教传统中受益的结果。

第七节 让孩子节约每一分钱

今天的我们，可以说各方面的物质条件都已经比过去提高了很多。尤其是随着家庭收入的增加，孩子们在吃穿花用方面更是越来越好，家长们也很愿意为了孩子投入大把的钱，尽量让孩子吃好、穿好、用好、玩好。即使这样，也并不意味着可以让孩子随意浪费，不仅不能浪费粮食和各种物品，更要节约手中的每一分钱。

或许有的人会有这样的疑问，现在生活条件都这么好了，还有节俭的必要吗？难道要让孩子去过以前那种贫困的日子吗？尤其是对于曾经经历过艰苦岁月的父母来说，对于那份曾经的辛苦更是刻骨铭心，并暗

暗发誓再也不让自己的孩子重复自己曾经走过的路，因为那实在太辛苦了。所以，这些父母往往会有这样的想法，自己现在既然已经为孩子创造了那么好的生活条件，那就让孩子好好享受吧！其实，要求孩子节省每一分钱，并不是说要让孩子去过以前那种贫困的日子，也不是说不让孩子吃好的、穿好的、玩好的，当然更不是要培养出守财奴式的吝啬孩子，而是让孩子把节约下来的每一分钱都花在刀刃上。

对于是否节省，有一个可以衡量的标准吗？这些标准又是什么呢？一般来说，看一个人是否节省，主要看如下几点：

①要看他是否有效益地使用金钱，做到合理地消费。

②要看他在消费的时候，是否有利于自己的发展，包括身心的健康、良好品德的养成等。

③要看他是否杜绝奢侈浪费和过于享乐。

虽然每个家庭与个人的消费水平有所不同，但用这三个原则来衡量一个人是否节省，可以说是放之四海皆准的。

我们都知道，每个人生来都喜欢富贵而讨厌贫穷，但著名的美学大师朱光潜说："有钱难买幼时贫。"这句话可以说正好切中了当今孩子的病源。可以说，今天的孩子，尤其是生活在都市中的孩子，很少有人知道什么叫贫穷，因为父母已经尽一切所能为他们创造了最好的生活条件，所以也造成了很多孩子不懂得什么叫"节省"，更不知道这两个字背后所蕴含的美德。

他们只要求吃好的、穿好的，玩具也是越多越好、越高级越好，却不懂得自己所吃的美食、所穿的衣服、所玩的玩具从哪里来，当然也不知道父母每个星期给自己的零用钱是从哪里来的。由于他们不知道这些东西来之不易，所以也不懂得珍惜，随意浪费。久而久之，即使家里放着一座金山，也有被孩子挥霍一空的时候。

还有一些人会认为，节省是穷人才会做的事，富人根本不需要节约。但实际上，节约是很多富人的习惯。比如，华人首富李嘉诚在生活上的节俭是人尽皆知的。下面的这则小故事，就足以说明了这一点。

有一天，李嘉诚先生从酒店出来，当他从口袋里掏出车钥匙时，从口袋里掉出来1元硬币，落到地上。李嘉诚的第一反应是弯下腰去捡那枚硬币，这时那枚硬币刚好滚到饭店警卫的面前，于是警卫迅速把那枚硬币捡起来递给李嘉诚，李嘉诚先生接过这枚硬币后，又从口袋里拿出100元港币，给了那位警卫，又把这1元钱硬币也送给了警卫。

对于李嘉诚先生的做法，旁边的人觉得很不解，于是便问他为什么要这样做。李嘉诚回答说："这100元港币是他为我服务，我给他的薪水。如果他没有把这1元硬币捡起来，那么这1元钱就可能会掉到水沟里，这样就会浪费掉了，钱是用来花的，但绝不可以浪费。"

很多人经常说富人越有钱越吝啬，但看完李嘉诚的这则小故事，你还会这样认为吗？其实，有时候富人不是吝啬，而是富人希望每一分钱都能得到使用，因为他们知道每一分钱都是来之不易的。而那些没有钱的人却往往是“穷大方”。

下面，我们再来看一看美国著名的石油大王约翰·洛克菲勒的故事：

洛克菲勒是19世纪美国的三大富豪之一，他活到98岁高龄，一生至少赚了10亿美元（洛克菲勒可以说是人类历史上的首富，财产总值折合约今日的3 000亿美元），但捐出去的就有7.5亿美元。而他平时的生活十分节俭。有一次，他下班想搭公交车回家，由于口袋里没有10美分的零钱，于是就向自己的秘书借，并说：“你一定要提醒我还给你，免得我忘了。”秘书微笑着说：“请别介意，10美分算不了什么的。”洛克菲勒听了之后，正色地说：“别这么说，把1美元存在银行里，要整整两年才会有10美分的利息啊！”

洛克菲勒经常到一家熟悉的餐厅用餐，吃完饭后，他会给服务生10美分的小费。有一次，不知道是什么原因，洛克菲勒只给了服务生5美分的小费。服务生很不高兴，而且还不禁抱怨起来：“真是越来越吝啬了，如果我像你那么有钱的话，我绝不会吝惜那5美分。”洛克菲勒听了服务生的话，笑了笑说：“这就是你一直在这里当服务生的原因。”

是的，尊重每一分钱，节省每一分钱，你就可能成为富人；不懂得珍惜“小钱”，随意浪费，就只能变成穷人。而这些富人节省金钱的小故事，父母也可以讲给孩子听，这样可以为孩子树立起一个很好的榜样。

第三章　开拓孩子的视野，提升孩子的眼界

真正高明的理财教育，不是教孩子去赚更多的钱，而是让孩子学会随时抽身，离开那个看似最赚钱、却不再进步的地方。只有这样，孩子才能看到更加长远的未来，而不至于被眼前的“钱途”所迷惑。

引言

今天是一个信息网络化的时代，也是一个全面开放的时代。在这样的时代背景和社会环境中，如果我们对孩子的理财教育仅仅停留在教孩子如何进行储蓄、如何勤俭节约等这些问题上，那就显得有些落伍了。这倒不是说这些方法已经过时。其实，不管什么时候，也不管是站在传统美德的立场上看，还是站在理财的角度上看，储蓄和勤俭节约永远都不会过时。只是这毕竟是一个老生常谈的话题，孩子听得多了，不但无法听进去，往往还会让他产生反感之心。所以，我们不妨把这些原本就是真理的东西淡化一些，首先从那些与这个时代息息相关的方面入手，不断开拓孩子的视野，提升孩子的眼界。等到孩子对理财有一个更全面的认识之后，再回过头来告诉孩子一些具体的问题，孩子自然就更容易接受了。

第一节　看世界各地如何教孩子理财

在前面的一些章节中，我们已经多次提到美国家长对于孩子理财教育的重视程度。那么，除了美国之外，其他国家对于孩子的理财教育是不是漠不关心呢？当然不是，很多国家在对孩子的理财教育这个问题上，与美国相比，甚至有过之而无不及。

在英国，孩子从上小学开始，学校就开设有理财教育课，并随着孩子年龄的增长以及理解能力的逐步加深，开设不同程度的理财课程。借由这个方法，使孩子从小就正确认识金钱和使用金钱，并具备初步的理财能力。所以，英国的孩子在5～7岁时，基本上就已经明白获得金钱有许多不同的来源，并懂得钱的作用：可以让我们达到各种目的；7～11岁时，孩子就要学习管理自己的钱，学会把钱存到银行，并认识到储蓄对于满足未来各种需求的作用；11～14岁时，孩子就要掌握各种理财知识，并不断提升个人的理财能力；14～16岁时，孩子就要学会使用一些最基本的金融工具以及各项服务，包括如何计划预算。

在法国，当孩子长到3～4岁时，父母就开始对其进行家庭理财课程的教育，让孩子对货币有一个直观的认识。在孩子10岁左右，父母就会为孩子建立一个独立的银行账户，并开始正式培养孩子的理财能力。孩子上学后，父母再帮孩子开设一个专门的账户，并鼓励孩子把零用钱存到这个账户里，用来支付孩子的学习费用。法国的家长认为，定期给孩

子一笔零用钱，并限制他们一定的消费范围，这样可以培养他们有计划地消费，学会取舍，提高理财能力。所以，孩子在消费方面可以说是十分理性的，该消费时，他们会很舍得；该节省时，他们就连一分钱也不会多花。

在德国，孩子的理财课程则显得生动很多。德国著名的投资家博多·舍费尔曾写了一本理财童话故事《小狗钱钱》，该书一上市，就受到孩子们的喜爱，可谓风靡一时。这本书讲述的是一位12岁的女孩吉娅偶然救助了一只受伤的小狗，并给小狗取名为钱钱。而让吉娅没有想到的是，钱钱是一个理财高手。在钱钱的帮助下，吉娅第一次确立了自己的梦想，并开始为实现自己的梦想而努力。同时，吉娅还学会了三条成功法则，包括如何分配收入，建立自己的储蓄账户，并用自己赚的钱帮父母偿还贷款利息。吉娅的理财方法很快得到父母的认同，并明白了只有善良的人才能通过金钱获得幸福。在吉娅17岁那年，她终于实现了自己的梦想，到美国去留学……此外，这本书还有很多经典的名言，比如，“如果你只是带着试试看的心态，那么你最后只会以失败告终，你会一事无成。不能试验，你只有两种选择，做或者不做”“你能否赚到钱，决定因素是你的自信程度”，等等。

在以色列，家庭中关于钱的教育，主要遵循两个基本原则：第一，每个人都有明确的物权概念，要保护自己的财产，同时也要尊重别人的财产，损害要赔偿，侵占要付出代价；第二，对于钱或者个人财产要知道珍惜，不可以浪费，犹太人讲究节俭，生活基本功能得到保障就可以。可以这样说，犹太人的理财教育，最为重要的内容，还是教孩子关于钱的最核心的理念，那就是责任。孩子知道钱是怎么来的，自然就会知道如何节俭，并进一步学会付出、懂得慈善。

在日本，政府已经制订出理财教育计划，甚至把理财教育列入中小学生的必修课。日本的长辈在教育孩子时，经常提到的一句名言就是：“除了阳光和空气是大自然赐予的，其他的一切都要靠自己的劳动获得。”所以，在日本的家庭教育中，父母更主张孩子要自力更生，不能随便向别人借钱，同时也鼓励孩子自己管理自己的零用钱。很多家庭每个月都会给孩子一定数量的零用钱，并告诉孩子要节省，如果暂时用不到，就把这些钱储蓄起来。当孩子渐渐长大后，一些家长还会要求孩子准备一本记录每个月零用钱收支情况的账本。此外，为了让孩子早点自立，家长还鼓励孩子利用课余时间出去打工赚钱，所以许多日本的学生在课余时间，都要在校外打工赚钱，一方面是为了能够多赚点零用钱，另一方面是让自己不断地磨炼与成长。

第二节 让孩子把目光放远一点

这里我想分享两个小故事。

阿宝在自己的村庄里开了一家咖啡厅。开业之后，这家咖啡厅就以一种独特的风格吸引着各种各样的顾客。没过多久，阿宝就和很多顾客成了好朋友，并建立起了深厚的情谊。

有一天，镇上的镇长要到阿宝所在村庄进行视察，镇长也早就听说阿宝的咖啡厅生意很不错，所以很想到那里去放松一下。下班后，镇长的秘书便给阿宝打来电话，告诉他镇长准备和几个随行人员到咖啡厅来。

不用说也明白，秘书的意思是镇长要把整个咖啡厅都包下来，到时就不要再接待其他的顾客了。阿宝的好朋友小叮听到这个消息后，也十分高兴，他拍着阿宝的肩膀说："太好了，这可是赚钱的一个绝好机会呀，你千万不要错过哦！"并示意他赶紧答应镇长的要求。

不料，阿宝却微笑着对镇长的秘书说："镇长先生愿意光临我的咖啡厅，我感到万分荣幸。但如果因此而让我把其他的客人拒之门外，请恕我难以办到！其实，全村庄的老百姓听说镇长先生要来我们这里视察，大家的心里都很激动，期待着能有机会和镇长一起，一边喝咖啡一边聊天。我想，这应该是一个让镇长和百姓之间拉近距离的好机会。"

镇长的秘书听阿宝这样一说，也就没再坚持，事情就这样定下来了。

到了那天，镇长果然带着自己的随行人员来到阿宝的咖啡厅，与大家度过了一个美好的夜晚，并喜欢上了这个村庄。几天之后，阿宝突然收到镇长寄来的一封亲笔信。镇长在信中说他很喜欢这个村庄，并诚恳地表示要购买阿宝的咖啡厅，希望阿宝能够把咖啡厅转让给他。小叮一看到这封信，又高兴得不得了，并开始帮阿宝盘算着转让这家咖啡厅能赚多少钱，因为他相信阿宝这一次肯定会接受镇长的要求。但是，阿宝的做法却让小叮再次失望了。阿宝很快就给镇长回了信，并在信中婉言谢绝了镇长的要求。

这个案例中的阿宝，为什么面对送上门来的赚钱机会，却一而再、再而三地拒绝呢？尤其是镇长提出购买咖啡厅的要求，他可以趁着镇长对这个村庄和咖啡厅的喜欢提高转让费，但他还是放弃了这个可以让他赚大钱的机会。其实，阿宝之所以这样做，原因很简单，因为此时的村庄已经不再是以前那个贫穷落后的地方了，这里已经建立起了交易市场，全国各地的很多商人都跑到这里来谈生意，阿宝的咖啡厅的生意也越来越好，这让阿宝觉得自己经营咖啡厅比卖掉要更有价值，更有意义。

音乐大师谭盾刚到美国的时候，由于生活所迫，他不得不到街头靠拉琴卖艺来赚钱。既然是在街头拉琴卖艺，那就跟摆地摊差不多，必须要占有一个好地盘，才会有人来听，也才能赚到钱；而地段差的地方，生意当然就要差很多了！

幸运的是，谭盾很快就认识了一位黑人琴手，于是他们两个一起合作，并抢占到了一个最能赚钱的好地盘——一家商业银行的门口。那里不但人很多，而且人们都很慷慨，所以他们赚的钱也比其他的同行要多。

然而，没过多长时间，谭盾在赚到了不少卖艺钱之后，就和那位黑人琴手告别了。因为谭盾来到美国的目的，可不是就这样在街头卖艺的。他的目标是要进入大学里继续进修，寻找真正的音乐大师，并和那些琴技高超的同学们互相切磋。这个时候，谭盾由于有了足够的钱，再加上他的音乐功底很好，所以很顺利地就进入了一所音乐学院。随后，谭盾便将全部时间和精力都投入到提升音乐素养和琴艺之中……

在大学里，虽然谭盾不再像以前在街头拉琴那样赚很多钱，但他的眼光超越了金钱，转而投向更长远的目标和未来。

10年后，谭盾有一次路过那家商业银行，发现昔日的老友——黑人琴手仍然在那“最赚钱的地盘”拉琴，而他的表情还是一如往昔，露出得意、满足与陶醉的神情。

当那位黑人琴手看见谭盾突然出现时，很高兴地停下拉琴的手，热情地问道：“兄弟啊！你终于来了，好久没见啦！你现在在哪里拉琴呢？”

谭盾微笑着把一个很著名的音乐厅的名字告诉

了黑人琴手，黑人琴手听了，反问道："哦，那家音乐厅的门前也是一个好地盘，也很好赚钱吗？"

"还好啦，生意还不错吧！"谭盾没有明说，只是轻声附和着。

实际上，那位黑人琴手哪里知道，10年后的谭盾已经不再是街头卖艺的琴手了，而是一位国际知名的音乐家，并经常应邀在一些著名的音乐厅中登台献艺，而不是在街头拉琴卖艺了！

读完了谭盾的这个故事，我们在感慨之余，有没有反观一下自己呢？我们在教孩子理财时，是不是也像那位黑人琴手一样，一直死守着"最赚钱的地盘"不放，甚至还为此沾沾自喜、洋洋得意？如果真是这样，那么孩子的才华、潜力和前程会不会因为死守着"最赚钱的地盘"而白白地断送掉？其实，真正高明的理财教育，不是教孩子去赚更多的钱，而是让孩子学会随时抽身，离开那个看似最赚钱，却不再进步的地方。只有这样，孩子才能看到更加长远的未来，而不至于被眼前的"钱途"所迷惑。

第三节 创意，让"无财"变成"有财"

小依是一个孤儿，从小就失去了父母，是由外婆把她带大的。结婚后，她的丈夫对她关怀备至，体贴入微。不久之后，她又生了一个聪明可爱的儿子。渐渐地，她终于从童年那不幸的阴影中走了出来，成为一位合格的贤妻良母，在家里专心相夫教子。

然而，就在她为自己拥有如此幸福的生活而感到庆幸时，命运又跟她开了一个玩笑——丈夫在一场车祸中永远地离开了她，一下子就使她成为没有经济来源的单身母亲。她不想一辈子只靠救济金生活，于是决定重返大学校园，因为她觉得，只有拿到了学位，才能找到更好的工作，拥有更多的收入，才能顺利将儿子抚养长大。然而，她很快发现，这是一条异常艰辛的路。付账单、照顾儿子、兼职、上课、考试……这么多的事情需要去应对，可是她却只有一个人。

一天晚上，对着学校的催款单，小依最后的那道防线终于崩溃了，眼泪不由自主地涌出来。

儿子看见妈妈哭了，放下手中的玩具，跑过来看着妈妈，脸上露出了关心与焦急。

“没关系，可能是妈妈太孤单了。”她搂着儿子语无伦次地解释，“这么多的事情需要去做，却没有帮手……做单亲妈妈真的好累。”

听了妈妈的话，儿子抬起头来，用他那双明亮的大眼睛看着妈妈，说：“妈妈，你知道吗？当初上帝也是一个人造了亚当和夏娃，他跟你一样，也是一个单亲家长呀！”

儿子的话，像闪电一样击中了她的心，使她立即振奋起来。

“宝贝，你说得太好了。”她紧紧地抱着儿子，“妈妈要把你刚才说的这句话告诉所有人。”

第二天，她便借钱买了100只咖啡杯，然后在杯身上印上儿子的那句名言——上帝也是单亲家长。接下来，她又在网上打出广告，结果她的那些咖啡杯很快就被一抢而空。更没有预料到的是，有个单亲家庭协会还给她打来电话，预定了1 000只咖啡杯！

从此，不管在生活上遇到什么样的困难，在人生的道路上碰到多大的打击，只要一看到自己案头上的那只咖啡杯，她立即就会信心百倍，然后微笑着对自己说："没什么可怕的，上帝也是单亲家长……"

从这个故事中，我们读出了什么呢？是的，在当今的社会中，我们每个成年人都要面对着滚滚的红尘、五光十色的物欲，所以每个人都要面临着很大的压力。这些压力有的来自学业，有的来自生活，有的来自工作，有的来自家庭……正是这些压力，使我们整天忙于奔波，没有时间停下来，和自己的内心对话。但孩子就不一样了，他们没有那么多的功利之心，他们的想法十分简单，也更接近于真理。往往一句话，就给大人带来深刻的领悟。比如这句"上帝也是单亲家长"，如果换作成年人，谁又能想得到呢？但正是这样一句简简单单的话，让几乎处于绝望中的大人醒悟过来。

所以，到底怎么教育孩子才是正确的呢？其实没有一种标准的办法，有时候我们需要给他更多的指点，有时候我们只需要遵循他的本性就可以了，因为孩子的本性往往就是最完美的创意。

第四节 告诉孩子机会就是财富

西方曾有一句这样的谚语："机会老人送上它的头发，当你没有抓住再后悔时，却只能摸到它的秃头了。或者说它先给你一个可以抓的瓶颈，你不及时抓住，再得到的却是抓不住的瓶身了。"从这句谚语中，我们可以看出来，在西方社会中，人们往往把机会视为财富，而事实也恰恰如此。

19世纪中叶，有一位年轻的德国人来到了美国，当时美国本地正刮起了一股“淘金热”，人们蜂拥而至，于是那位年轻的德国人也加入到淘金的队伍中去。但在淘金的过程中，他经常听到人们抱怨自己身上所穿的细布衣服一点也不耐磨，还没穿几天就破了。于是年轻人灵机一动，便开起了一间制衣厂，用做帐篷的厚帆布为材料，再用金属铆钉来固定口袋，使口袋便于装工具。

出乎他意料的是，这种裤子一经推出，便深受“淘金者”的欢迎，大家纷纷前来抢购，使得那位年轻人大赚了一笔。后来，他又扩大了生产规模，将产品推向了更广阔的市场，直至风靡整个世界，年营业额达到了10亿美元。

这位年轻人就是牛仔裤的发明人——利瓦伊·施特劳斯。

当很多人都争先恐后地去淘金时，利瓦伊·施特劳斯却看准了淘金者衣服不耐穿的商机，并抓住了机会，进而创造出了巨大的财富。

而在今天这个信息化的社会中，不管是成年人还是孩子，都有着同等的创造财富的机会。所不同的，仅仅是人的头脑。

刚上小学四年级的美玲，从小就喜欢布偶玩具。与其他孩子不同，小美玲对于买回来的布偶，都会进行一番装饰，比如弄个蝴蝶结、梳个辫子、缝上个小花裙等。上学后，小美玲仍然喜欢摆弄这些东西，父母于是便和她“约法三章”：第一，限制她买布偶的数量；第二，只有周末才能摆弄这些东西；第三，要保持房间整齐、清洁。对此，美玲都竭力做到了。

有一次，美玲参加歌舞比赛时，得知一位学姐穿的小裙子是从网络上买来的，于是她心生灵感，想在网络上开个网络商店，专门卖那些经过自己“加工”的布偶。开始时，她先把自己装饰的布偶拍成照片，放到论坛上，接着便有很多网友留言，问她从哪里买的，有的还要与她交换布偶。

持续一段时间后，美玲发现，自己装饰的布偶以及自己编织的十字绣都很受大家青睐，于是便开了一家网络商店，将自己的布偶都上了架。美玲把这件事也告诉了父母，没想到父母也很支持她，觉得这对美玲是一种很好的磨炼。于是，美玲又开辟了一个专门换物的格子商店，深受网友的欢迎，小店的人气也随之剧增。

小小的布偶玩具带来了无限商机，让美玲不仅学会了赚钱，而且还学到了很多东西。所以，可以这样说，生活就是财富的天堂，也是怎样赢得财富的课堂。而生活中的机会更是随处可见，只要我们稍微用一点心，就不愁找不到。

当然了，当机会来临的时候，我们能不能引导孩子抓住眼前的机会，也要看孩子的能力。可以说，孩子的能力越强，或者掌握的技能越多，他的机会就越多。所以，平常多注意培养孩子，让孩子拥有更多的技能是没有坏处的。或许很多父母又会有这样的疑问，培养孩子的技能，是不是也要根据孩子的兴趣和爱好呢？从理论上来说，当然是这样的。但是我们也应该知道，孩子的兴趣和爱好也是需要培养的。因此，更多的时候，我们应该少问孩子喜欢做什么，而是多问问孩子应该做什么。因为很多东西，别说是孩子，就是大人也未必喜欢，但为了达到某个目标，我们又不得不去做。比如，就拿培养孩子学习英语来说吧，有哪个孩子会主动喜欢英语呢？但没有办法，为了孩子将来与世界接轨，就必须让他学英语，就必须培养他这方面的爱好。新东方英语的创始人俞敏洪就曾感慨地说："登山的时候，你会在乎喜欢不喜欢登山杖吗？不会，你只会在乎它能否帮你登上山顶。那么英语就是我的登山杖，尽管我不是特别喜欢，但我知道要想攀上更高的人生山峰，就必须要这个登山杖。"所以，说穿了，曾经让很多人望而生畏的英语，只不过是一根"登山杖"罢了。然而，很多人尽管不喜欢它，但为了能够登上世界的顶峰，只好想办法去掌握它。

是的，机会来了一定要抓住，才能有效地创造财富。但在机会来临之前，我们需要做的，就是培养孩子拥有把握机会的能力。而且，只要孩子具备了这种能力，即使机会并没有如期到来，同样也可以通过自己的努力，去创造更多的机会、赢得更多的财富。

第五节　让孩子在旅游中学会理财

中国有句老话说得好："读万卷书，行万里路。"前一句比较容易理解，不外乎让孩子多读书、读好书；至于后一句，很多人可能就不明白了，孩子还那么小，怎么能让他"行万里路"呢？其实，说穿了，所谓的让孩子"行万里路"，就是多带孩子出去旅游。因为旅游可以让孩子增长见识，陶冶情操，活学活用书中的知识。更为重要的是，旅游可以让孩子懂得如何计划支出。所以，很多聪明的家长，不管平时工作有多忙，每年都会抽时间带着孩子到各地去旅行，因为他们已经意识到旅游也是教育孩子不可或缺的一部分。

我国著名的教育家陶行知先生曾提出“知行合一”的教育方法，即“行是知之始，知是行之成”。这里的“知”指的就是知识，而“行”指的就是实践。也就是说教育孩子时，一定要把知识与实践结合起来。他还认为，小孩子“必定是烫了手才知道火是热的，冰了手才知道冰是凉的，吃过糖才知道糖是甜的，碰过石头才知道石头是硬的”。先生的这段话真可谓是真知灼见。而要将他总结出来的这些见解付诸行动，我们就必须让孩子多多体验生活，并定期带孩子出去旅游，以开阔孩子的视野，提升孩子的眼界，同时培养孩子的理财能力。

那么，旅游的过程中，父母如何对孩子进行理财教育呢？又该如何利用好大自然这个大课堂呢？

在我所接触的大量亲子案例中，经常会遇到这样几个问题：

①“放暑假时，我带着上中学的儿子去泰国旅游，结果在整个旅游的过程中，他不但一点兴趣都没有，而且嫌我们唠叨，回来后还不断地抱怨，说以后再也不跟我们出去了！”

②“有一次，我带着5岁的女儿去日本旅游，结果女儿一到那里，就不停地要买这买那，不买给她就大哭，一趟旅行下来，成了她的购物之旅了！”

③“孩子在班上听说其他同学经常跟着父母到各地去旅游，十分羡慕，也要求我们能满足他环游世界的梦想，我对他说我们家的经济条件有限，他却表示，即便自己赚钱也要实现环游世界的心愿！”

类似以上的问题其实还有很多，而这种现象所折射出来的，则是当前家庭教育中普遍存在的问题。而之所以会产生这样的问题，原因当然也是多方面的，但有一点是我们不应该忽略、也是无法回避的，那就是我们作为父母，每次带孩子出去旅游时，所有的行程安排、费用开支等问题，往往都是由大人自己计划和决定的，并没有跟孩子商量，认为这些事情本来就应该由大人来安排，孩子只需要配合就行了。

这些事在大人看来似乎合情合理，但我们却忽略了，孩子也有自己的计划，而当孩子的计划与大人的计划发生冲突时，问题也就出来了，弄不好就会把原本愉快的旅游变成一路的争吵。所以，父母每次带孩子出去旅游时，一定要把这次旅游的行程安排、预计支出费用等情况告诉孩子，并多与孩子商量，征求孩子的意见，最好能够做到“约法三章”。这样既能让孩子了解到这次的行程安排，不会出去之后又跟父母提出过分的要求，又能让孩子大概了解这次出行的支出范围，避免孩子过度消费。

下面再举一个例子，我的一位朋友在带孩子出去旅游时，是如何教会孩子理财的。相信她的方法也值得我们参考。

我的朋友是在寒假的时候带女儿去香港和澳门旅游的，她的女儿只有12岁，刚上小学四年级。一听说父母要带自己到香港和澳门去旅游，顿时兴致十足，尤其是对香港迪士尼乐园非常期待。于是，朋友便对女儿说：“你既然对香港迪士尼乐园很感兴趣，那我把这部分的行程交给你来安排吧！”女儿一听，更是高兴得连声答应。朋友又对她说：“你可以先到网上查一下，看看迪士尼乐园的门票、里面游玩的费用、乘车路线、附近住宿情况以及买什么纪念品，选择一套最佳的方案，然后盘算一下大概需要花多少钱。”女儿接受了这项任务之后，就打开计算机兴致勃勃地查阅去了。

后来，听朋友在电话里说，这次从香港、澳门旅游回来之后，她的女儿好像变了个人一样，觉得自己突然长大了。不管做什么事，都想办法帮父母多省一些钱，对于自己要买的东西，如果不是很急用，也知道等等再说了。

所以，带孩子出去旅游时，在出发之前，父母不妨引导孩子计算一下这次旅游需要的费用。当然了，如果开销比较大的话，也可以让孩子单独计算部分景点的花销。这样不但可以为孩子提供一个学习与锻炼的机会，还能够让孩子懂得怎样合理地花钱。

写到这里，不由得让我又想起一件有意思的事情：

慧琳女士有两个孩子，一个是儿子，一个是女儿，儿子比女儿大两岁。有一年暑假，兄妹二人突然离家出走了，弄得慧琳和丈夫都十分着急，拜托亲友四处寻找孩子，最后向媒体求助才找到了兄妹俩。原来，哥哥利用自己打工存下来的4 000元带着妹妹环岛旅行。慧琳女士回忆说："儿子是说过有一天要带着妹妹去环岛旅游，但我以为他只是说着玩，根本没有当真。"后来经过细问才得知，哥哥在带着妹妹出行前，也很聪明地规划了环岛路线，但他却忽略了旅行途中的吃、住等这方面的费用支出，所以才天真地以为只用4 000元就能够圆自己环岛游的梦想，结果可想而知，兄妹俩刚到那里，就把那4 000元花光了，最后流落在大街上。要不是父母的紧急行动和媒体的帮助，后果还真是不堪设想。

从这一事件中，我们不难看出，事情之所以这样，除了孩子过于天真，把事情想得过于简单之外，也与慧琳夫妇平常没有对孩子进行理财教育有直接的关系。我们可以试想一下，如果慧琳经常带孩子出去旅游，而且让孩子参与全部或部分的开支预算，那么孩子就不至于那么极端了。因此，父母带着孩子去旅游，一定要教孩子怎样花钱，比如，一家人在外面住宿，一晚上大约需要多少钱，一天三顿饭的花费大约需要多少，去景点游玩，除了买门票，进入景区后还有哪些需要花钱的地方。此外，出行时要搭乘哪一种交通工具更划算，这些都要让孩子参与决策。

总之，让孩子参与旅游攻略并不只是为了节省开支，而是让他们切身感受出门在外，到了陌生的地方，该如何进行合理消费，这不仅是生存基本技能的培养，更多的是让孩子养成开阔的视野。

专业家庭教育指导师郭燕女士，在她的那本《游山玩水上北大》一书中，曾这样写道："如果父母能把教育融入开放、互动的旅游中来，我相信，孩子都能在旅游中成长，视野更开阔，个性更坚毅、包容，敢于承担责任。"的确是这样，因为旅游的过程，就是对孩子身心磨砺的一个过程，也是孩子感受自然、观察自然的一个平台。而在这个过程中所增长的见识，对于孩子来说将是一生的财富。

第六节 比金钱更重要的是诚信

诚信是每个人必备的品格之一。不管社会如何发展，也不管处在什么样的年代，诚信永远都不会过时。尤其是今天，诚信更是人生旅途中"一张可靠的通行证"。可以说，一个有诚信的人，无论走到哪里都会受到热情的接待；而没有诚信的人，则往往举步维艰，更别说畅行天下了。可见，诚信是人际交往中极其重要的“桥梁”。而事实也早已告诉我们，大家都喜欢诚信的人，并且愿意和他们交往。所以，作为父母，一定要让孩子从小就明白诚信的重要性，并把孩子培养成讲诚信的人，而不是一个只知道向钱看、见利忘义的人。

18世纪，英国有一位很富有的绅士。一天深夜，他走在回家的路上，被一个蓬头垢面、衣衫褴褛的小男孩拦住了。

“先生，请您买一包火柴吧！”小男孩说道。

“我不买。”绅士回答，说着绅士躲开男孩继续走。

“先生，请您买一包吧，我今天什么东西都还没吃呢！”小男孩追上来说。

绅士看到躲不开他，便说：“可是我没有零钱呀！”

“先生，您先拿上火柴，我去换零钱给您。”说完男孩拿着绅士给的一个英镑快步跑走了，绅士等了很久，男孩仍然没有回来，绅士无奈地回家了。

第二天，绅士正在自己的办公室工作时，仆人进来报告说来了一个男孩，要求面见绅士。于是男孩被叫了进来，这个男孩比卖火柴的男孩矮了一些，穿得也更破烂。他一看到绅士，就说：“先生，对不起了，我的哥哥让我把零钱给您送过来。”

“你的哥哥呢？”绅士惊异地问。

“我的哥哥在换完零钱回来找你的路上，被马车撞成重伤了，现在还在家里躺着呢！”小男孩说。

绅士被小男孩的诚信深深地感动了，他没有接下钱，而是说：

“走！我们去看你的哥哥！”

进了男孩的家里一看，只有男孩的继母在照顾他。男孩一见绅士，便连忙说：“对不起，我没有按时把零钱给您送回去，我失信了！”绅士并没有责怪他，而是再一次被男孩的诚信所感动。当绅士了解到两个男孩的亲生父母已经双亡时，便毅然决定把他们生活所需要的一切都承担起来。

诚信，说得通俗些，就是言行一致，心口合一。诚信的人总是能够坦坦荡荡地将自己真实的一面展现给世人，因此，有诚信的人总是能够得到大家的信任。

李开复的创新工厂刚刚成立，开始张贴招聘人才的广告时，一下子就收到了7 000多份应征简历，这让我们在惊叹李开复人格魅力的同时，也不禁产生这样的好奇和疑问：李开复和他的团队面对这么多的简历，到底是如何从中挑选出自己想要的人才的呢？换句话说，到底什么样的人才能够入李开复的法眼呢？

要弄清楚这个问题，我们必须先把目光投向更早之前。其实，早在李开复开创微软中国研究院的时候，他就曾经主持过招聘会，当时微软中国研究院招聘的信息发布出来之后，收到的简历有1 000多份；后来，李开复到了谷歌（Google）中国之后，也开始招聘新人，当时收到的简历是3 000多份。虽然在微软中国研究院和在Google中国所收到的求职简历远没有创新工厂多，但李开复选用人才的标准却是一样的。那就是通过给应征者设下各种“陷阱”，以考验应征者的诚信度。

比如，李开复在其所著的《世界因你而不同》这本书中，就曾经披露了微软公司在面试时会问到的一些奇怪的问题。这些问题包括：“为什么下水道的盖子是圆形的？”“估计一下北京一共有多少个加油站？”“如果你和自己的导师发生分歧时怎么办？”“给你一个非常困难的问题，你将怎样去解决它？”“两条不规则的绳子，每条绳子的燃烧时间为1小时，如何在45分钟内烧完两条绳子？”等问题。

这些问题可以说很奇怪，甚至很刁钻，而且没有标准的答案。而他们之所以设计出这些问题，主要是想从一个人的答案中考察他的人品、考验他的情商。

当时，有一位各方面都比较优秀的应聘者，在听到面试官问到“如果你和自己的导师发生分歧时怎么办”这个问题时，他马上就开始声讨自己的导师如何压榨学生，使自己受到很大的委屈，然后开始抱怨学校的环境不好、不够开放，没有给博士生提供应有的研究环境等。结果自然可想而知，这位应聘者虽然各方面的条件都很优秀，但微软公司还是对他敬而远之。因为从这位应聘者的回答中，他们看到了这位应聘者带有负面的心态和情绪，而一旦带着这样的心态去工作，无论公司再给他多么好的工作环境，他还是会不停地指责和抱怨。

还有一位应聘者，微软公司在考察了他的各项指标后，都觉得不错，但李开复却坚决不录用他。原来，那位应聘者在跟李开复面谈时，曾经很神秘地悄悄告诉李开复："我在以前的公司做了一个案子，如果能来微软上班，我可以把这个案子带过来接着做！"在这之前，李开复本来是很看好他的，但一听到他的这几句话，李开复的态度马上就变了，因为他意识到将工作交给这样一个人，是绝对不可能放心的，因为他随时可能带着公司的成果"出逃"！那位应聘者注意到李开复的表情变得很凝重，便立刻改口说道："您放心，这个成果我只是利用业余时间来做的！"但这样的亡羊补牢，显然已经太晚了！

李开复还讲了自己在Google招聘时发生的一个故事：Google的一些面试内容是借着电话的沟通来进行的。当时，有一位应聘者在电话测试时表现得很优秀，李开复当时几乎已经决定录用他了。但是，几天之后，他却发现这位应聘者在网上写了一篇文章，透露了自己面试的经过，说他当时是一边在网上搜索答案，一边回答问题，并为此而洋洋得意。其结果自然就可想而知了，这位应聘者永远失去了进入Google的机会。

其实，不管是在微软、Google等这样的跨国企业，还是在创新工厂，李开复都多次强调，职场新人刚进公司时，首先要培养的就是为人处事之道，而为人处事之道的根本，就是诚信。"对于没诚信的人我们坚决不考虑"，这是李开复在校园中进行演讲时经常谈到的一个话题。

是的，人生呼唤诚信，社会呼唤诚信，时代呼唤诚信，教育更呼唤诚信。而对孩子诚信的培养，也和习惯的培养一样，是一个不断养成的过程，需要不断地累积。实际上，诚信不仅是属于道德的范畴，同时也是一种法律意识，是每一个公民必须具备的基本修养。所以，我们对于孩子的诚信教育，必须从小做起，从小事着手。这样，才能在培养孩子诚信的同时，重塑一个诚信的社会！

第四章 培养孩子理财一定要讲究方法

理财教育首要的原则，就是确立管钱的模式——让父母管钱，让孩子来记账。其目的在于培养孩子的理财意识，使孩子亲身感受金钱的来之不易，更懂得珍惜父母的劳动成果。

引言

不管是学习，还是教育，当正确的观念和方向确定之后，方法就是决定因素。如果没有方法，或者方法不对，那么不管我们的目标多么高远，最终也可能只是把时间和精力都白白浪费在一些不必要去走的弯路上，甚至是南辕北辙，使我们离目标越来越远；而一旦掌握了正确的方法，就使我们能够轻松地应对那些随时可能出现的难题，并事半功倍，迅速向目标靠近。对孩子进行理财教育也是如此，要想把孩子培养成为真正的理财高手，仅仅有高远的目标、仅仅有教育好孩子的观念，那是远远不够的，必须把这些目标和观念落实到实际行动中，再结合一定的方法和技巧，才能收到实际的效果。

第一节 父母管钱，孩子记账

日本父母在孩子教育方面有一句经典之言："除了阳光与空气是大自然赐予的，其他一切都要由劳动获得。"日本父母对孩子支配金钱管理得十分严格，并主张让孩子管理自己的零用钱。

然而，让孩子自己管理零用钱，很多父母越来越不放心，"孩子挥霍无度该怎么办啊？""我家孩子如果自己管理零用钱，他会拿去玩在线游戏！""让孩子自己管理钱，我们不是不信任孩子，但孩子往往没有克制力啊！"父母的这些担心不无道理。尤其是很多所谓的"富二代"横空出世，网络炫富、花钱无度、赌博等不良现象也接二连三地出现，这些与其说是金钱惹的祸，不如说是孩子不知道怎样管理金钱造成的。

那么父母应该如何教孩子管钱呢？首要的原则，就是确立管钱的模式——让父母管钱，让孩子来记账。

或许很多人会问，欧美许多国家的父母不都是放手让孩子自己支配金钱吗？我们为什么不可以这样做呢？其实，欧美的这种做法也对，只是东方和西方的文化不同、国情不同，所以我们教育孩子的方法也不能照搬西方。在我们国家，由于大多数孩子还不能较好地管理金钱、支配金钱，所以父母必须用一根绳子拴住孩子，即把管钱的权力抓在自己的手里，这样做的好处是，父母既能够掌握好教育的主动权，还能够很好地训练孩子的理财能力。当然，对于这种理财的教育模式，父母一定要跟孩子说清楚，这是一种合作的理财模式，并不是不相信孩子。

那么，什么时候让孩子开始记账比较合适呢？发展心理学提出，孩子在5岁左右，就开始拥有消费的意识。这时，父母完全可以引导孩子记账，最初的记账可以不记录在本子上，而是记在孩子的脑子里。下面，我们先来看一则亲子对话：

周末，吴先生花50元给宝宝买了一个玩具。他用商量的口气对宝宝说："宝宝，我们来合作一下，我付钱，你记账，好不好？这个玩具我们总共花了50元，你要记住哦！"然后，吴先生便拿来宝宝画画的本子，让宝宝用画气球的方式进行"记账"。吴先生又说："爸爸妈妈赚钱很辛苦，所以每月买玩具要有限制，当买玩具花费20元时，你就在本子上画一个气球，每个月买玩具不能超过5个气球。"宝宝听后，便十分认真地在本子上画了一个气球。

其实，这种教育方法的最大意义，在于它还能够寓教于乐。虽然小小的"记账"本表面看起来无足轻重，但是可以帮助孩子养成良好的记账习惯，而这种习惯一旦养成，力量是无比巨大的。当然了，既然要培养孩子的习惯，那么从刚开始时就要坚持实行，千万不要三天打鱼、两天晒网，而要将这种习惯变成自然。

不过，用画画的方式引导孩子记账，这种方法只适合于儿童期的孩子，对于年龄相对大一些的孩子，父母可尝试采用"零用钱估算""让孩子当家里的CFO（Chief Finance Officer）"等方法。下面先说说我经手过的一个案例。

君庭的父母都是生意人，平时工作很忙，根本顾不上他，所以君庭平常花钱买东西的时候，也是尽量满足他。但没过多久，父母便发现，君庭花钱越来越厉害，却没见他往家里添置了什么东西，问他到底是干什么花的，他也说不清楚。总之，他糊里糊涂地就把钱给花光了。君庭的妈妈没有办法，只好找我帮忙，我告诉了她一个方法：就是让她回去后，告诉君庭，每次花钱时都要记录。君庭的妈妈回家后，便按照这个方法来要求孩子，效果果然很明显。

然而，好景不长，君庭升入中学后，他的老师就经常打电话叫父母来学校问话，内容都是君庭借钱不还，还集结校外同学打群架，严重影响学校的纪律，校长甚至想要开除他。君庭的父母听了后焦急不已，回去后便与君庭对质，他却死不承认。

君庭的妈妈这下又没招了，于是又来找我。我听了她所介绍的情况后，便问她："你平常让孩子记账，有没有检查过？看过他那些钱是怎么花的吗？"君庭的妈妈这才回过神来，原来她虽然一直要求孩子记账，但自己却从来没有过问过，更不用说是检查了。

其实，让孩子记账，不仅仅是要教孩子学会如何使用零用钱，更重要的是让孩子学会如何评估预算和节省费用。至于给孩子零用钱的数量，则要看父母实际的经济状况。一般情况下，只要控制在与孩子的同伴大致相当的水平上就可以。等到孩子渐渐长大后，这些零用钱就应该由孩子全权负责，父母不直接干预，但一定要督促孩子将每一笔花费记录清楚。而且，一旦因为孩子使用不当而导致过度消费时，父母不轻易帮助他渡过难关。只有这样，孩子才能真正懂得过度消费所带来的严重后果，进而学会对自己的消费行为负责。

总之，父母教孩子记账，不是赶时髦，也不是逼迫孩子，而是与孩子形成良好的互动模式。父母管钱，孩子记账，这就是亲子互动的形式之一。不管是在孩子还不会写字时，父母启发孩子用画画的形式来记账，还是孩子上学以后父母引导孩子记录零用钱的使用，其主要的目的都是培养孩子的理财意识，使孩子亲身感受金钱的来之不易，进而更懂得珍惜父母的劳动成果。

第二节 适当地“穷养”孩子

中国有句俗语叫“穷人的孩子早当家”，这句话我认为说得很对。穷人家的孩子，因为家里没有足够好的经济基础，因此，不得不让孩子很早就参加家事，很早走向社会，这样的孩子往往成熟得比较早，而且比那些家境富裕的孩子更有责任心。

当前，社会上正在流行这样一句话：“男孩要穷养，女孩要富养。”实际上，不管是男孩还是女孩，不管你家里是贫穷还是富有，父母都应该适当地对孩子进行“穷养”。但遗憾的是，很多父母不管自己的家庭条件怎样，一律都对孩子进行“富养”，这实际上就等于放弃了对孩子进行教育的权利。

当然，我们这里所说的“穷养”，实际上也包含了三种含义：第一种是简单的贫穷，也就是说由于家庭条件不好，即使想“富养”也不可能，所以只好“穷养”；第二种是“富而穷”，也就是说你的家庭虽然十分富裕，但为了让孩子学会节俭、学会吃苦，而对孩子进行严格的管教；第三种是“富养”，而且是大富，只是这是一种看不见的大富，因为这是一种精神上的财富，比如想象力、行动力、意志力、创造力等，所有的这些，可以说都是让孩子受用终生的财富。

有这样一个故事：

台北有一位年轻人，在一家饭店里当服务生。一次偶然的机会，这位年轻人认识了一位菲律宾女孩，这个女孩是一位财主的女儿，两人很快就建立了恋爱关系，不久之后就结婚了。结婚以后，两个人回到菲律宾住了一年多，之后他们又打算回台北发展。离开菲律宾时，老岳父对他们两口子说：“你们现在没有钱，也没有工作，为了支持你们创业，我借给你们20万元，作为你们立家的基金。借是要还的，等你们经济情况好起来以后，这20万元钱还要按照银行利息连本带息地还给我。”于是，这小两口带着这20万元钱回到了台北。结果，当这件事情被男方的亲朋好友知道后，几乎所有的人都说，你这老岳父也太抠门了吧。第一，他那么有钱，才给20万元钱；第二，这20万元不是无偿给的，而是借的，到时候还要归还；第三，不但要归还，归还的时候还要按照银行的利息付息，哪有这样抠门的岳父？

但是，一些了解国外生活习惯的人却不这么看，他们认为那位财主这样做是很对的。

后来，这对小夫妻就用这笔钱在台北开始创业。他们先开了一家很小的面包房，生意越做越好，又开了连锁店，到现在他们又迁到高雄，经营了更大的买卖，最后他们按照老岳父的要求，把20万元钱按照银行存款的利息连本带息地归还给了老岳父。

实际上，这位老岳父这样的做法，虽然表面上看起来很无情，但却包含着他的一种大爱。我们可以试想一下，如果当初那位老岳父给的不是20万，而是100万，并且告诉他们："这是我送给你们的，你们拿回去做点什么事吧！"这样一来小两口可能没有任何压力，这100万他们也许很快就会花光，然后再伸手向老岳父要钱，这种事在社会上实在是太多了。相反，因为有了要还钱的压力，所以小两口就不得不精打细算这20万到底要怎样花，拿去做什么才能赚到更多的钱。由于有了这个压力，才有动力，最后才把自己逼上了成功的道路。

还有一个例子：

有一个家庭，不但很富有，而且社会地位也很高。家里有一个男孩，父母从小就鼓励他要学会独立生活，这孩子也很聪明，在上中学的时候，就自己买书、买材料，练习弹六弦琴。他六弦琴弹得很好，歌也唱得很好。到了高中的时候，居然就有小学生的家长出钱雇他在课余时间教自己的孩子弹六弦琴和唱歌。从此，这个男孩就开始自己赚钱了。

再后来，这个男孩考上了某名牌大学新闻系。毕业后，被一家电视台录用。电视台的工作很忙，但是他忙里偷闲，在工作之余，又自己在网络上开店卖乐器，现在已经经营两年了，仅仅是网络上的乐器店，他每月的纯利润就达10 000多元钱。而家长对他这样的做法，不但不批评，而且给予全力的支持，从各方面去支持他。这样，这个孩子一方面是电视台的一名职员，一方面又是一个网络商店的老板，同时做着两份工作，而且两份工作的收入都很高。

从这个案例中，我们可以看出，现在有些家长开始打破传统的教育观念，能够合理地吸收一些国外的教育思想，对孩子进行正确的教育和培养。

由此可见，所谓的“穷养”，其目的只有一个，那就是让孩子变得更加富有。如果你的家庭条件不好，那么对于孩子来说，这本身就是一种财富，所谓“千金难买少年贫”“自古英雄多磨难”，贫寒的家境往往更能激发出孩子的斗志，更能培养出孩子坚强的毅力；如果你的家庭十分富裕，那么借着“穷养”，则可以让孩子跳出“从来纨绔少伟男”的魔咒，成为一个真正的男子汉，不仅将你的家业守住，而且还使之继续发扬光大。

此外，“穷养”还包含着另一层意思，那就是经由“穷养”，让孩子尽量改掉那些富贵孩子身上普遍存在的毛病。所以，与其让孩子去跟别人比拥有什么，不如让孩子去跟别人比没有什么！比如骄纵、贪婪、任性、懒惰、狂妄等毛病，如果你的孩子都拥有，那么即使你有再大的家业也是没有用的，因为他很快就会将你辛苦累积起来的财富挥霍一空。相反，如果你的孩子没有这些毛病，那么他自然就会拥有踏实、勤奋、谦虚、善良等优点，

这样的孩子，即便他日后的能力还不足以治国平天下，但治家绝对是没有问题的！

第三节 教孩子如何投资

华尔街一位理财师曾说过这样一句话："不要拼命地为了赚钱去工作，要学会让金钱拼命地为你去赚钱。"这句话可谓道出了财富的真谛。其实，拼命地工作固然也可以赚到很多钱，也同样能够过上自己认为的好日子。但是，真正会生活的人，是绝对不会为了赚钱而拼命工作的，这并不是因为他不喜欢赚钱，而是当他累积到一定的财富之后，他就可以让这些钱去为自己赚取更多的钱，可谓是四两拨千斤。而这种四两拨千斤的赚钱方法，就是我们所说的投资。目前，比较流行的投资项目主要有基金、股票、债券、保险、房地产、期货、外汇、黄金、大宗收藏品等，而投资最显著的一个特点就是回报率比较高，当然也有一定的风险。

那么，父母应该怎样引导孩子认识投资产品呢？在教孩子进行投资的过程中，又该注意哪些事项呢？

一般来说，父母在教给孩子投资时要注意两个细节：第一，根据孩子的年龄，从当下趋势看，孩子上小学四年级以后，就可以对孩子进行这方面的教育，因为这个时期的孩子已经具备一定的运算能力与理解能力；第二，刚开始的时候，孩子可能很好奇，而且兴趣高涨，但过一段时间之后，可能就不那么热衷了。此时，父母的正确引导就显得十分关键了。

下面，我们将以投资股票为例，向家长朋友们讲述一下该怎样引导孩子认识投资，并学会投资。

股票是股份公司在筹集资本时向出资人发行的股份凭证，代表股东（即持有者）对股份公司的所有权。每一股同类型股票所代表的公司所有权是相等的，即“同股同权”。在很多犹太家庭中，父母都把股票作为孩子的生日礼物，因为他们觉得股票有助于提高孩子的投资能力。而事实也恰如那些犹太家长所认为的那样，他们的孩子长大之后，可以说个个都是投资高手。

但是，股市里的股票有很多，父母又该如何帮助孩子选股票呢？

有一位父亲是这样帮孩子选股票的：他的儿子很喜欢吃肯德基，他就在孩子8岁那年送给了他一股肯德基的股票，随着孩子年龄的不断增长，逐年增加股票数量。经过几年的累积，儿子的股票已经在肯德基公司占了相当的比例份额。在这个累积的过程中，这位父亲还有意识地引导孩子不断观察肯德基的发展趋势。而每当肯德基给他寄来年报的时候，他也让孩子看一看，由于孩子很喜欢吃肯德基，所以对于与肯德基有关的信息，也都会认真地阅读。渐渐地，孩子对股票的兴趣越来越浓，而且不仅仅只是对肯德基的股票感兴趣了。

从这位父亲给孩子买股票的经历中，我们可以得出这样的启示：父母在送孩子股票时，数量不需要很多，但在股票类型的选择上，最好能够根据孩子的兴趣与喜好来选择。实际上，孩子根本不知道股票为何物，也就无所谓兴趣了，但父母可以从他感兴趣的品牌入手。比如孩子平常喜欢穿阿迪达斯（adidas）的服装，父母就可以把阿迪达斯的股票送给他，孩子自然就会因为喜欢阿迪达斯而对该公司的股票感兴趣，并因为对阿迪达斯的股票感兴趣，渐渐也对其他的股票感兴趣。当然了，父母在引导孩子投资股票时，购买的数量不要太多，也不要让孩子一下子就上瘾。只要做到让孩子在参与的过程中开阔眼界，了解股票的行情，达到锻炼投资的能力就可以了。

有这样一个形象的比喻："父母帮孩子购买小额股票，仿佛是把金钱变成了种子，让这颗种子伴随孩子成长。"的确是这样，而且谁也不知道，这颗"种子"日后会结出多少"果子"来。当然了，我们也应该知道，股票投资的风险也是客观存在的，即便是大人，也经常有失手的时候。既然是投资，就不可能总是赚，也会有亏的时候。所以，当给孩子买的股票下跌时，父母要及时安慰孩子，疏导孩子的情绪，并帮助孩子分析原因，以汲取经验。在这个过程中，父母还可以尝试着让孩子学会承担风险，敢于面对失败的后果，让孩子充分感受风险的冲击力，进而增强风险意识。

总之，在教会孩子炒股的过程中，父母要同时让孩子拥有一颗平常心，股票赚钱的时候，不要过于兴奋；股票赔钱的时候，也不要一蹶不振。因为投资本身就是伴随着风险，所以只要让孩子在投资股票的过程中，养成谨慎的态度和敏锐的洞察力，父母的教育就算成功了。

第四节 别让名牌害了孩子

2011年11月，一则“少女为名牌援交”的新闻，一时间内引发了社会各界的关注与热议。4名平均年龄不到14岁的中小学少女为了购买名牌包包，经常通过网络进行援交。

其实，类似的事件屡见不鲜。近几年来，未成年人因追求名牌而走上犯罪道路的现象不断出现。更有甚者，还有一个男孩为了购买iPad2要卖肾。那么，究竟是什么原因让孩子对名牌如此热衷呢？外界诱惑、爱慕虚荣，这些都有，但是最直接的原因还是家庭理财教育的缺失。孩子追求时尚、热爱名牌本身并没有错，但如果过度地沉迷于名牌之中，那就是一种病态，轻则是典型的拜金主义，重则是价值观的扭曲。

据一项调查显示：绝大多数的中学生都喜欢名牌产品，60%的中学生正在使用名牌产品，而幼儿园的孩子也都有名牌概念。对此，我们不禁要问，为什么有那么多的孩子拥有如此深的“名牌情结”呢？

美国社会心理学家亚伯拉罕·马斯洛有个著名的“基本层次需要理论”，该理论将人的需求从低到高分为五类，分别是生理上的需求、安全上的需求、情感和归属的需求、尊重的需求、自我实现的需求。仔细分析，人们追求名牌显然是出于尊重的需求，即用名牌来展现自己的价值与地位。如果仅仅是从这一点来看的话，孩子的这些需求只是人类的正常需求之一，那么父母就没有必要打击孩子追求名牌的心理，因为大人很多时候也青睐名牌，更何况是孩子呢？

父母要先导正孩子对名牌的认识，名牌的产品大都质量比较好，是消费中的精品，厂商长期投入资本，对产品质量要求精益求精。比如，名牌的运动鞋穿起来不仅透气、舒适，而且很耐穿，不容易坏；名牌计算机售后服务有保障，其配件也都质量上佳，等等。但是，如果从普通家庭的经济条件这个角度来考虑，很多名牌的产品就只能是想想而已了。这个时候，父母就要让孩子明白，各行各业都有名牌产品，但不是所有的名牌产品都是最贵的，最贵的也不一定是最好的，最好的也不等于是最适合自己的。

在孩子小的时候，父母就应向孩子灌输这些知识，而且平常给孩子买衣服、文具等生活和学习用品时，也要注意自己的消费习惯，为孩子建立起良好的榜样。下面的几点是需要父母时刻注意的：

①父母要强化孩子的消费观念，不能什么都要买名牌，购买名牌时要有所选择，如孩子的文具、计算机等，可以适当地选用一些名牌产品，其他的消费类产品则没必要追求名牌。

②父母要帮助孩子建立积极向上的人生观。平时不管是在学校和同学相处，还是在社会上与朋友交往，都不能以穿着、使用的产品来衡量别人的地位。通俗地说，就是不能“势利眼”。实际上，名牌的产品只是外在的装饰，而人与人交往，则要注重其内在的修养和精神财富。

③父母要培养孩子的审美观。受娱乐圈明星、时尚圈名媛奢华装扮的影响，以及青春偶像剧中演员华丽衣着的吸引，很多孩子觉得穿名牌、用名牌很有品位和气质，能够为自己装点门面，甚至有种“我是有钱人”的骄傲心理。对此，父母应让孩子明白，心灵的美丽与充盈才是真正的魅力。同时，父母还应该有意识地对孩子进行一些美学方面的培养。比如，让孩子养成讲究卫生的习惯，以实现仪容美；引导孩子多看一些经典名著，以达到言辞美；督促孩子经常运动，或让孩子学习舞蹈、探戈等，以实现形体美；向孩子讲述一些社交礼仪的知识，包括坐姿、服装搭配、简单化妆等。这些教育不是刻意的，而是潜移默化的熏陶与引导，这样不仅能够有效地疏导孩子追求名牌的心态，还能提高孩子的审美观。

此外，对于经济条件一般的家庭，父母最好让孩子了解家庭的收支状况。有些父母省吃俭用、勒紧裤腰带也要满足孩子购买名牌的需求，这显然是“打肿脸充胖子”，而且孩子也不一定会领情。

所以，在平常的生活中，父母可以有意识地让孩子了解家庭的收支状况，比如每月总收入多少，结余多少，医疗保险、养老保险、教育资金，以及可能要应对的意外开支，等等，都可告诉孩子，让孩子来衡量自己家庭的经济能力。这样，孩子在追求名牌的时候就会有所权衡，不再盲目比较。当然，父母也不要动辄向孩子“哭穷”，因为这样很容易使孩子变得自卑，而且在经济条件允许的情况下，可适当帮助孩子挑选一些质优价廉的名牌产品。

父母还要及时帮助孩子杜绝虚荣心。虚荣心是一种不健康的心理情绪，很多时候，越是没自信的孩子，虚荣心就越强。这时，孩子往往会用物质来展示自己的实力，以遮掩自己内心的自卑，所以这种虚荣心是一定要杜绝的。而父母在帮助孩子杜绝虚荣心的时候，首先要让孩子明白虚荣心的危害。

刚上中学二年级的闵鑫是一个典型的名牌控，他喜欢打篮球，所穿的运动衣、运动鞋都必须是名牌，而平时用的电子产品，如手机、耳机等也都是名牌。他还在读小学的时候，父母有时给他买普通的衣服，他还能接受，但自从上了中学之后，他就“非名牌不要”，有时为了买一个名牌耳机，他甚至半个月都不吃早饭，然后把省下来的钱用来买耳机。为此，父母很头疼，但怎么劝都不管用。

后来，闵鑫的母亲打电话咨询心理咨询师，咨询师了解情况后才得知，原来在闵鑫还很小的时候，父母给他买的很多东西都是名牌产品，这才让孩子对名牌产生了信赖感，并养成了非名牌不用的习惯。于是，咨询师便建议闵鑫的父母可以先让孩子了解自己的家庭经济状况，对他进行理财教育。

闵鑫妈妈回去后，便找了一个机会与闵鑫沟通，并说："爸爸妈妈不反对给你买名牌的东西，但你要考虑到爸爸妈妈的经济能力，也要看买什么东西。我看这样吧，这个月你来当管家，家里的收入与支出由你来掌管。"于是，妈妈便开始让闵鑫来管钱，并开始记账。但是，闵鑫在买东西时还是控制不住自己，第一个月就把妈妈的奖金拿去买了一个很贵的耳机。这时，闵鑫的妈妈也不生气，只是对儿子说："耳机不是必需品，而且更新很快，如果你手中的耳机能用，就没有必要换新的。你说对吗？""还有，你在学校外的商店里买的耳机一定比市场上的价格高，因为这些商家看准了你们这些孩子的需求，所以抬高了价位。"

第二天，闵鑫的妈妈便到超市去给儿子买回了一个一模一样的耳机，而价格却便宜了很多。这下子，闵鑫终于心服口服，并对母亲说："看来花钱也是一门学问啊，我以前只知道名牌的东西才高级，现在才知道什么叫物超所值！"

这个案例又给了我们父母一个启示，那就是面对孩子对名牌的追求，父母千万不能轻易弃械投降，但也没有必要过度地抵制孩子的消费欲望，或者用粗暴的态度来教育孩子，因为这样会让孩子觉得父母根本不把自己当回事。当孩子产生这样的心理时，往往就会产生不良的后果——结伙偷盗、出卖肉体等。所以，父母在教育孩子的时候，也要充分尊重孩子的心理需求，要知道孩子追求高质量的生活属于健康心态，只要引导孩子制订合理的消费计划，别让孩子过度消费就可以了。

第五节　在游戏中培养孩子的理财意识

在孩子还没有真正接触到钱币，或者还不知道金钱到底有何用途时，父母可以借着游戏的方式，让孩子尽快认识钱币，并逐渐培养孩子的理财意识。至于游戏的种类，可以从我们日常生活中比较熟悉的项目开始，比如开一家“小店”或者一家“银行”等。当然，每次玩的时候，也要根据孩子的情况做出一些变化，不要一成不变，这样才能达到真正的教育目的。

那么，父母在和孩子玩游戏的时候，应该做到哪些呢？

①**避免说教**。在教育孩子的时候，很多父母和长辈最容易犯的错误，就是动不动就对孩子说教。实际上，这是一种吃力不讨好的做法，因为说教的效果并不理想，尤其是在玩游戏的时候，效果就更差了，不但容易引起孩子的反感，而且还会让孩子产生反抗心理。久而久之，孩子自然就不会跟你玩了。所以，即使有什么严肃的事情要跟孩子谈，也千万不要在玩游戏的时候说出来，否则这种快乐的气氛就会立刻被破坏，取而代之的是沉闷的氛围，根本起不到教育的目的。

②**角色扮演**。在玩游戏的时候，可以让孩子扮演各种不同的角色，比如老师、法官、律师、医生、护士等，然后告诉孩子这些职业分别都做什么，并让他进行模拟表演。例如让孩子扮演老师，帮父母上课，等上完课之后，父母应该给孩子一些钱币，并对他说：“你辛苦了，这是

你这个月的薪水，希望你继续努力。”借由这个方法，孩子就会明白，只有工作才能赚到钱，对金钱的获得才会有正确的认识。同时，父母还要告诉孩子，每个职业的收入也是不一样的，比如，如果拿律师和服务生相比，律师的工资就比服务生要高很多；如果当老板的话，收入又相对要高一些。这样，孩子对于金钱的收入就会有一个感性认识，知道不同的角色、不同的职业会有不同的收入。同时要让孩子明白，造成这种收入差异的原因也是多方面的，不是收入高的人就是好人，收入低的人就是没用的人。总之，金钱收入的多少并不代表这个人的价值。

③**学以致用**。对于已经上学，并且已经学会一些简单的加减乘除的孩子来说，父母可以在游戏中把孩子学会的这些计算方法结合进来。方法是在游戏开始之前，事先准备一些水果、文具之类的道具，然后在这些道具上贴上标签，并在标签上写上该物品的价格。做好这些准备之后，再让孩子根据他的需要选择自己喜欢的商品，并按照商品标签上所标出来的价格付钱。这个游戏除了能够让孩子了解钱币可以买到自己所需要的商品，还可以提高他的计算能力。当孩子对这些游戏已经十分熟悉之后，父母与孩子所扮演的角色可以进行互换。比如让孩子来当“小店”的老板，父母扮演顾客。至于“小店”的设置、商品的陈列方式，可以让孩子根据自己的想象来布置，作为父母则要全力配合孩子，帮助孩子建立起一个既温馨又充满童趣的“小店”。等把“小店”建好之后，作为“顾客”的父母，就要到孩子的小店里买东西了。而在向孩子买东西的过程中，聪明的父母一般都会趁着这个机会，锻炼孩子的应变能力。比如，父母要买一支铅笔，这支铅笔的标价是15元，这时父母可以故意给孩子20元或者50元，让孩子学会找零钱。当然，这是一种最基

本、最简单的做法，等到孩子对这些计算方法渐渐熟悉之后，就可以继续增加难度了。比如，等孩子学会乘法的时候，父母就可以对他说："我要买5个面包。"如果一个面包10元，让孩子算一下应该付给他多少钱才对。等孩子对这些比较熟悉之后，还可以再增加一些难度，比如，在一些数字的后面加上小数点，或者说只卖一大包中的两个等。

总之，只要在孩子还很小的时候，就开始对他进行各种理财方面的训练，孩子不但从小就会拥有理财的意识，而且数字概念也往往会比同龄孩子要强很多。

当然，再怎么完美的游戏，最终的目的还是要回归到实践活动中。所以，在玩游戏的同时，父母也要经常带孩子一起出去购物，并提醒孩子，让他注意你在购物时是如何"货比三家""讨价还价"的。一般情况下，孩子只要跟父母出去几次，就会渐渐明白钱的用途。这时，父母可以进一步鼓励孩子，让他把自己的零用钱存起来，用来买自己喜欢的玩具。

第六节　从错误的理财观中走出来

2010年，美国信贷咨询基金会曾经针对家庭的理财观进行了一项调查。当然，调查的对象都是美国的成年人，而考察的项目则主要是个人在理财方面的知识水平。调查的结果显示，有34%的美国人给自己打出了刚及格或不及格的分数，而有41%的人则表示自己的理财观主要是从父母那里学来的。从美国信贷咨询基金会的这项调查中，我们不难发现，很多人的金钱观都是受到父母的直接影响。也就是说，父母的金钱观直接决定着孩子的金钱观。而这样的结果，可以说是喜忧参半。喜的是父母可以通过自己的努力和行为来教育孩子，将孩子培养成为理财高手；忧的是在现实的生活中，还有很多被子女所信赖的父母，在理财方面犯有一些致命的错误。

下面我们将细数一些父母在理财方面最容易犯的错误，并希望家长能够从这些误区中走出来，教给孩子正确的金钱观和正确的理财方式。

①**谈钱是一件粗俗的事**。孩子平常在家的时候，父母和孩子谈得最多的往往是诸如好好学习、好好看书，将来考上一个好大学，毕业后找个好工作之类的话题；而孩子每次外出时，父母反复叮嘱的也基本上是诸如一定要注意安全、不要和陌生人说话等。当然，父母和孩子所谈的这些话题，我们不能说不对，但如果从培养孩子理财的角度上来讲，仅仅跟孩子谈这些是不够的。那么要跟孩子谈钱吗？很多父母一碰到这个问题，往往选择回避，因为他们觉得跟孩子谈钱是一件很粗俗的事。但实际上，跟孩子谈钱不是一件粗俗的事，而是很有必要。其实，很多孩子之所以花钱阔绰，不懂得珍惜父母的劳动成果，很大程度上跟父母的教育有关，因为父母从来不跟孩子讲家里的钱是怎么来的，应该如何使用，孩子当然就会凭着自己的喜好去花钱了。所以，以后碰到金钱的问题，请千万不要再退避三舍了，不但不能回避，父母还应该向孩子说明家庭的经济情况，让孩子知道父母赚钱的辛苦，同时也要培养孩子赚钱的能力，而不是只知道读死书。

②**没有将信用卡的使用方法告诉孩子**。信用卡的使用已经越来越普

遍，但很多父母在使用信用卡的时候，从来不告诉孩子信用卡的使用方法。而孩子所看到的，也只是一张比钱币更神奇、能够满足自己欲望的小卡片。这样一来，孩子就会认为信用卡比钱币更重要，只要有了这张神奇的卡片，就可以不用钱币。殊不知这张小卡片之所以如此神奇，完全是背后金钱所起的作用。所以，父母在使用信用卡的时候，至少应该向孩子讲清楚，信用卡虽然可以透支使用，但到了月底就会产生账单，而自己所欠的这些钱也是要还的。如果拖下去，就会产生很多利息，这是很不划算的。当然，教孩子如何使用信用卡，最主要的目的还是要培养他们从小就建立起良好的信誉。

③**满足孩子的一切要求**。很多父母由于过于溺爱孩子，所以对于孩子的要求可以说是百依百顺，通常是毫无条件地满足孩子的一切要求。每次带孩子出去时，不管孩子看上了什么东西，只要孩子说要买，即使在违背自己的消费原则或打乱预算的情况下，这些父母也要咬紧牙帮孩子买。久而久之，孩子很快就会被宠坏，变得自私自利，而且毫无耐心，总是希望自己的愿望瞬间得到满足。针对这种情况，我们建议父母平时带孩子出去购物时，一定要事先向孩子说明，外面的东西很多，而且也都很漂亮，但并不是所有漂亮的东西都能够买回来，这样孩子就会有一个心理准备。等到真正出去之后，如果孩子提出的要求不在自己的预算范围之内，一定要坚持自己的原则，不要轻易做出让步。

④**言行不一致**。我们都知道，孩子在成长的过程中，很多事都是模仿父母的。所以，如果父母在孩子面前言行不一致，总是说一套、做一套，比如，很多父母经常精打细算，却从来不执行；经常要求孩子把零用钱存起来，自己却是名副其实的“月光族”；希望孩子将来一定要上

大学，却不肯努力赚钱，为孩子赚足上大学的费用；要孩子不要浪费，自己却出手阔绰。这样就会使孩子觉得很迷惘，不知道父母所说的和所做的到底孰对孰错。但在迷惘过后，孩子往往会以父母的行动作为模仿的对象。所以，父母一定要记住，你的行动就是孩子最好的老师。

⑤**用金钱来购买快乐**。随着生活水平的日益提高，人们对精神的需求也越来越高，诸如看电影、聚会、旅游、度假等，已经成为人们追求快乐的一种方式。但是，如果父母动不动就把精神享受和追求快乐建立在这些上面，那么孩子就会把快乐和消费等同起来，以为只要花钱就能买到快乐，或者要想获得快乐就必须花钱。所以，在日常的生活中，父母应该以举办一些不花钱或花钱少的活动为主，让孩子意识到快乐与花钱的多少没有关系，一家人在一起共度快乐的时光比花多少钱要重要得多。

⑥**对未来没有规划**。很多父母由于对未来没有任何的规划，所以也不为未来的急需而存钱，甚至是今天花明天的钱。针对这一点，理财专家建议，不管是为了家庭的未来着想，还是为了给孩子建立一个良好的榜样，父母都应该对未来有一个清晰明确的规划，并把自己的规划告诉孩子，然后身体力行。比如，当你计划在未来的五年之内买一辆小轿车时，那么从今天起你就要为了实现它而努力。当然，我们所说的努力并不是指拼命地工作赚钱，或者每天买彩票，而是每个月把要买车的钱存起来，至于这个计划能不能真的实现，那就要看未来的变化了。说不定最后车没有买成，但你所积攒起来的这笔钱正好可以用来送孩子出国留学。所以，不要怕变化，就怕没有计划。

⑦**因为钱而闹矛盾**。很多家长在家庭经济拮据的时候会闹得不愉

快，甚至争吵和动手，使家庭氛围变得紧张起来。这个时候，孩子就会认为钱不是一件好东西，父母就是为了钱而争吵的。久而久之，孩子就开始对金钱产生焦虑和恐惧的心理。针对这一点，理财专家建议，当家庭的经济出现紧张状况时，作为父母一定要心平气和地去面对，并把家庭目前所面临的情况告诉孩子，而且向孩子做出合理、清楚的解释，使孩子消除误解，不至于对金钱产生恐惧。

⑧**不重视孩子的零用钱**。很多家长由于手头比较宽裕，所以在对给孩子零用钱这件事上就比较宽松，向来没有什么标准，也没有任何条件，只要孩子伸手就给。这样一来，孩子就会不珍惜父母的劳动成果，并认为向父母要零用钱是他们的权力，而且想要多少就要多少。在这种情况下长大的孩子，大都不会懂得节省，更不会懂得钱到底从哪里来。

⑨**没有向孩子解释家庭的理财模式**。很多父母在家庭分工的问题上由于没有向孩子解释清楚，所以也会使孩子在赚钱和花钱的分工上产生一些错误的观念。比如，在一个家庭中，爸爸主要负责赚钱，妈妈则主要负责花钱，对于这种理财模式，如果父母没有向孩子解释清楚其中的原因，那么孩子就会认为所有的家庭理财都是这种模式，并认为妈妈不如爸爸。所以，对于家庭的理财模式，父母应该及时向子女说明为什么要这样，这样孩子就不会认为妈妈不如爸爸，也不会认为女人不如男人了。

第五章　培养孩子的财商

对孩子进行理财教育，并不意味着让孩子赤裸裸地追求金钱，而是通过财商的培养，使孩子尽早成为一个财务自由的人。一个财商高的人，他一定能够借由努力来实现财务自由，使自己既有钱又有闲；既有财又有才。

引言

很多父母都知道，在孩子成长的过程中，智商和情商对于孩子的发展都起到积极作用，却往往忽略了与智商和情商同等重要的商数——财商。实际上，在21世纪的今天，智商、情商和财商是相辅相成、缺一不可的。在发达国家，人们一般都有一个共识：在诸多成功中，赚钱最能培养人的成就感和自信心。所以发达国家的父母在孩子还很小的时候，就开始培养孩子的财商。

第一节 什么是财商

“财商”一词最早是由罗伯特·清崎（Robert Toru Kiyosaki)在他的那本《富爸爸穷爸爸》一书中提出来的。他认为财商主要包括两个方面的能力：一是正确认识财富和财富倍增规律的能力（也就是所谓的“价值观”）；二是正确应用财富和财富倍增规律的能力。同时，财商高的人还把金钱当成一种思想。

其实，财商这个概念进入中国已经有一段时间了，但一直以来，真正了解财商的人并不多，更不用说是培养财商了。实际上，财商是与智商、情商并列的三大不可或缺的素质。一般认为，智商反映的是一般生物的生存能力，情商反映的是社会生物的生存能力，而财商则反映一个人在经济社会中的生存能力。财商是一个人判断金钱的敏锐性，以及对累积财富之道的了解。目前，财商已经被越来越多的人认为是实现成功人生的关键，一些教育专家更将财商、智商和情商列入了青少年的“三商”教育。

一般而言，财商主要由以下四项技能组成：

①拥有最基本的财务知识，也就是具备阅读理解数字的能力。

②拥有投资战略的眼光，也就是掌握如何使钱生钱的办法。

③对市场、供给与需求有所了解，并能够提供市场需要的东西。

④适当了解法律、税收等相关专业的知识，为自己的理财服务。

而从这些组成财商技能的项目来看，可以说没有哪一项是先天就具备的，而是后天教育的结果。至于如何进行财商教育，我们不妨从犹太人的财商教育谈起。

一般来说，只要提起犹太人，很多人便自然而然地想到以色列这个国家。但实际上，仅仅一个以色列并不代表整个犹太人，因为犹太人的渗透力和生存力之强，是这个世界上绝无仅有的。2012年，美国《福布斯》杂志富豪排行榜显示，在前40名富豪中，就有21名是犹太人。因此，在美国一直流传着这样一个笑话：犹太人不仅“控制”着华尔街，“统治”着好莱坞，甚至还“操纵”着美国的新闻媒介，甚至连美国的总统也是犹太人选出来的。这虽然是一则笑话，却真实地反映出犹太人对于美国资本市场的影响。可以说，全球经济圈中到处都弥漫着犹太人的味道。比如高盛、雷曼兄弟、所罗门兄弟等著名的金融公司，都是犹太人创建的。而在华尔街的金融精英中，犹太人更是达到了50%。

为什么占世界人口比较少的犹太人，却占有世界上的多数财富呢？其实原因很简单，那是因为犹太人十分注重财商教育。而犹太人财商教育中最重要的一点，就是培养孩子延后享受的理念。所谓的延后享受，就是指延期满足自己的欲望，以追求自己未来更大的回报，这几乎是犹太人财商教育的核心，也是众多犹太人之所以获得成功的秘密。那么，犹太人是如何教育孩子的呢？有一位犹太爸爸是这样对自己的孩子说的："如果你喜欢玩，就要去赚取属于你的自由时间，但为此你必须接受良好的教育。你可以找到一份很好的工作，赚到很多钱，等赚到钱以后，你就有更多的时间来玩了，而且你的玩具也会更昂贵、更耐用。如果你把这个顺序搞错了，你就只能玩很短的时间，而且只能拥有一些便宜的、容易坏掉的玩具，更重要的是，你要一辈子都努力地工作，没有玩具，也没有快乐。"

从这位犹太爸爸的这番话中，我们不难看出，在犹太人的财商教育中，已经融入了现代社会的价值观，个人的一生是其规划的范围，包括个人的追求、个人的资源都进行了理性的规划。而犹太人财商教育的最高目标，就是让孩子拥有富足而幸福的一生。

当然了，对孩子进行理财教育，并不意味着让孩子赤裸裸地追求金钱，而是通过财商的培养，使孩子尽早成为一个财务自由的人。在现实生活中，我们经常发现这样一种现象，那就是很多人虽然拥有很高的教育水平，却缺乏一些最基本的理财知识，最终只能在平庸中度过。实际上，大多数时候，我们所缺的并不是金钱，而是一种观念。不是吗？看看我们身边的人吧，很多人看上去虽然很有钱，但他们在个人财务上却不一定是自由的，而一个财商高的人，一定能够借由努力来实现财务自由，使自己既有钱又有闲；既有财又有才。

第二节 看美国人如何培养孩子的财商

智商和财商最大的区别主要在于，智商是天生的，比如说这个孩子天生就很聪明，天生就比别人反应快一些；而财商则主要是借由后天培养形成的，因为没有哪个孩子天生就会赚钱、就会理财和投资，这些都是需要后来的培养才能掌握的。所以，作为父母，千万不要以为自己的孩子很聪明，就忽略而不培养他，尤其是在财商方面，如果你不对他进行理财方面的培养，那么他往往就会把自己的聪明用在不正确的地方，甚至走向邪路。而如果你的孩子很笨，也千万不要放弃，因为很多大老板当初也都是“笨小孩”，他们的赚钱本领都是从后天培养得来的。

而在培养孩子的财商方面，美国大部分家长的做法可以说是可圈可点。那么，这些美国家长是如何培养孩子财商的呢？

①**让孩子自己赚钱买股票**。帕特里克·朗的大儿子瑞安，在过12岁生日的时候，帕特里克·朗的妻子给他买了一台割草机作为他的生日礼物，并告诉他：“虽然我们家里并不缺钱，但我们还是希望你能够通过这件礼物，自己去赚钱。”那年夏天，瑞安便替人割草，赚了整整400美元。帕特里克·朗在高兴之余，便建议儿子用自己赚来的这些钱去做点投资。瑞安听从了父亲的建议，将自己赚来的钱购买了耐克（Nike）公司股票。由于购买了股票，瑞安也开始关注股市，并逐渐对股市产生了兴趣。为了了解更多的股市行情，他又订阅了一些关于股票的期刊。

瑞安的股票终于赚了一些钱。这时，瑞安9岁的弟弟看见哥哥在短短的10多天里就轻松地赚了几十美元之后，兴致也来了，并尝试着去炒股。这样一来，兄弟俩通过炒股，不但赚取了一些零用钱，而且开始研究起了理财。

②一边享受美食，一边想办法赚钱。家住纽约的劳拉·舒尔茨有一个13岁的儿子。他的儿子最喜欢的餐厅就是麦当劳，可以说是对麦当劳情有独钟。所以，早在儿子7岁那年，劳拉·舒尔茨就开始送给儿子第一股麦当劳的股票，之后又逐年增加。现在，儿子的资本在麦当劳里已经占了相当比例的份额。更让劳拉·舒尔茨感到欣喜的是，每次麦当劳公司给他寄来年报时，儿子都会仔细地阅读，而且每次去麦当劳用餐时，也会认真地考察。对此，劳拉·舒尔茨不无自豪地说："我送给儿子的这些股票，与那些过完节就扔掉的玩具相比，意义实在太大了，因为我知道儿子从中得到的理财经验将会伴随他一生。"

③鼓励孩子去打工赚钱。圣路易斯州的唐恩·李斯曼有11个孩子。按照常人的看法，一个人能把这11个孩子抚养成人已经很不容易了，怎么还有精力来培养孩子的财商呢？然而，唐恩·李斯曼不但轻松地养育了这11个孩子，还让这些孩子早早地就赚到了自己今后上大学的所需费用。原来，唐恩·李斯曼给每个孩子设立了一个共同基金，然后告诉孩子们，不管是谁，每赚到1美元，他就在谁的基金账户里投入50美分。结果，这11个孩子开始使出了"八仙过海"的本领，有的帮人看小孩、有的替别人整理草坪、有的出去推销产品……两年之后，几个大孩子的基金金额已翻了三番，其中3个孩子已将自己的一部分基金用于支付大学学费了。

从美国家长培养孩子财商的这些方法中，我们又能够得到哪些启发和借鉴呢？当然了，东西方的文化不同，观念也不一样，所以人家的方法我们可能没有办法模仿，也没有必要这样做。但我们也应该知道，理财是没有地域之别的，只要用心，就不愁找不到适合我们孩子的理财方法。

第三节 正当赚钱，合理消费

俗话说："君子爱财，取之有道。"这实际上是老祖宗给我们留下来的最宝贵的遗产和忠告。其实，没有人不喜欢钱，谁都不想过那种穷得叮当响的日子。而要让日子过得富足，首先要做的就是赚钱，但在赚钱的过程中又不能不择手段，更不能为了赚钱而走歪门邪道，而是要靠自己的辛勤劳动和汗水去赚取，这才是真正的取之有道。

然而，在现实的生活中，很多人虽然也赚了很多钱，却仍无法致富。这又是为什么呢？其实原因很简单，因为这些人没有做到合理消费，糊里糊涂地就把钱给花掉了。

因此，在教孩子理财的过程中，除了教孩子如何正当地赚钱之外，还要让孩子学会合理地消费，也就是把钱花得明明白白。那么，怎样做到这些呢？下面的这些方法相信一定会对您有所帮助。

①**把"给钱"变成"赚钱"**。不管社会形势如何变化，但有一点是永远不会变的，那就是培养孩子的财商，其关键就在于家庭的理财教育。所以父母一定要从小就开始培养孩子的财商，而培养孩子财商的第一步，就是将"给孩子钱"变成"让孩子去赚钱"。虽然不管是"给孩

子钱”，还是“让孩子去赚钱”，这钱都是先从父母手中拿出来的，但这不仅仅是换个说法而已，而是要让孩子明白，钱是必须靠自己的正当劳动换来的。至于具体的操作方法，也是灵活多样的，比如帮孩子安排一定的家事，或者分配给孩子一些他能够完成的任务，然后根据这些任务的轻重、难易程度等，再把本来该给孩子的钱分批分次给他。等孩子渐渐适应了之后，再提醒孩子不要只是向父母“打工”赚钱，而应该去赚别人更多的钱，鼓励孩子走出去。只要做到这一步，那么对孩子财商的培养就已经成功一半了。

②让钱花得明明白白。孩子在还没有进入社会之前，或许并不明白钱从哪里来，其意义又是什么，有时甚至还把这些钱视为“横财”，根本不懂得珍惜。在这种情况下，和孩子谈理财的道理显然是没有任何意义的，因为孩子根本不懂这些。所以，父母们首先要做的，就是制止孩子只凭自己的好恶来花钱，然后引导孩子把钱花在该花的地方。

理财的第一步，是让孩子把钱花得明明白白。为了做到这一点，父母首先要帮孩子建立一个记账簿；然后让孩子在这个记账簿上，记录下他所有的“收入”和“支出”情况，记录的内容包括每一笔钱是怎么来的，又是谁给的，给了多少；支出时也要做好记录，包括做了什么、花了多少等；最后让孩子每个月做一次总结，并进行比较，看看哪些钱的花费是必要的支出，哪些是可花可不花的。几个月下来，孩子自然就会自觉地控制一些不必要的支出了。

总之，要想培养孩子的财商，关键是一定要让孩子知道如何正当地赚钱、合理地消费。实际上，财商教育不仅仅是引导孩子规划理财和管理金钱，更是引导孩子学会规划自己的理想和管理自己的人生。更重要的是，可以引导孩子学会感恩父母，建立独立意识、自尊和良好的责任感，进而使他的人格得到不断完善。

第四节 培养孩子的逆向思维

在商界里，一些大亨经常说的一句话就是："逆势而思，顺势而为。"这句话的意思是说，要想获得成功，就要学会从反面去思考问题，也就是我们平常所说的逆向思维。与常规思维不同，逆向思维是反过来思考问题，是用绝大多数人没有想到的思维方式去解决问题。那么，到底什么是逆向思维呢？这种思维对培养孩子财商又有什么作用呢？

逆向思维也叫求异思维、反向思维或创新思维，是一种重要的思维方式，是一种对惯性思维已成定论的事物或观点反过来进行思考的思维方式。这种思维模式使我们抛开固有的思维定式和方向，从相反的方向去探索、分析、判断并解决问题。简而言之，逆向思维就是打破思维定式的一种思维模式，进而达到出奇制胜的目的。

那么，如何将这种逆向思维运用到理财中呢？我们先来看下面的一则小故事吧！

一位穿着讲究的大富豪走进一家银行的贷款部。营业员立刻站起来，不禁打量起眼前的这位贵客，只见他浑身上下都是名牌：昂贵的西装、高档的皮鞋、名贵的手表，以及镶着宝石的领带夹子……营业员微笑着小心翼翼地问道："先生，您好！请问有什么需要我们帮忙的吗？"

“哦，我想从贵行借点钱。”富豪彬彬有礼地回答。

“当然可以，请问您打算借多少呢？”营业员高兴地说。

“1美元。”

“什么？您只借1美元？”营业员惊愕得张大了嘴巴，几乎不敢相信自己的耳朵。但她的大脑随即立刻高速地运转起来，心想：这位客户穿戴得如此阔气，而且搭配也极为讲究，说明他确实是一个很有身份的人，但他为什么只借1美元呢？难道是在试探我们的工作质量和服务效率吗？于是，营业员又装出十分高兴的样子，热情地说道：“当然可以，只要您有担保，无论借多少，我们都可以照办。”

“好的。”那位富豪说着便从豪华的皮包里取出一大堆股票、债券等放在柜台上，然后问道：“这些够吗？”

营业员立刻清点了一下，说：“先生，您的这些股票和债券价值总共50

万美元，做担保已经足够了，但是，您真的只需要借一美元吗？”

“是的，我只需要1美元，有什么问题吗？”富豪淡定地回答。

“那好吧，请办理手续，只要您付6%的年息，而且在一年后归还贷款，我们就会把这些作为担保的股票和证券还给您……”

大富豪走后，一直在旁边观看这件事的银行经理怎么也弄不明白，一个随身携带价值50万美元股票和证券的人，怎么会跑到银行来借1美元呢？于是，他马上追了出去，并问：“先生，对不起，我能问您一个问题吗？”

“当然可以，请问吧！”富豪说。

“我是这家银行的经理，我实在不明白，您随身带了50万美元的家当，为什么还要到银行借钱，而且只借了1美元呢？”

“好吧！我不妨把实情告诉你。我是来这里办事的，但到这里后，我才发现随身携带这些票券很不方便，就想找个安全的地方存起来，我先找了几家金库，要租他们的保险箱，但租金很昂贵。所以我只好到贵行来，将这些东西以担保的形式寄存一下，由你们替我保管，这样既安全，费用也很便宜，存一年才不过6美分……”

听到这里，银行经理才如梦初醒，不得不钦佩这位富豪，因为他的做法实在是太高明了。

如果是按照我们常人惯用的做法，身上带有这么多贵重而又值钱的东西时，肯定会找一个地方寄存起来，而不会想到以担保的方式存到银行里。但是，这位富豪只采用了一种逆向思维的方法，就把问题解决了，而且还取得令人意料不到的效果。可见，一个拥有高财商的人，他的思维模式绝不仅仅是顺时针的。

所以，培养孩子的逆向思维是很有必要的，因为培养逆向思维可以帮助孩子在今后的理财过程中，学会更全面地思考问题。至于训练的方法，家长可以多结合一些生活情境，就能创造很多训练孩子逆向思维的机会。尤其是遇到问题时，不妨提醒孩子多逆向思维，并从不同的角度去解决问题。

总之，逆向思维就是一种扩散性思维，也就是说由一个起点或多个起点向外发散。而我们要做的，就是培养孩子找出不同的起点的能力。这是一种培养孩子的创新能力，激励孩子创新思维的最佳途径。

第五节 水道故事的启示

1801年，在意大利的一个村子里，有两位雄心勃勃的年轻人，他们是堂兄弟，一个叫柏波罗，一个叫布鲁诺。兄弟俩从小就是很要好的伙伴，而且也都有自己的理想，就是成为这个村子里最富有的人。为了能够实现理想，他们一直都很努力，并时刻等待机会的到来。

有一天，机会终于来了。由于村子里没有水源，饮水比较困难，于是人们便在村子的广场挖了一个蓄水池，并雇用两个人把附近河里的水运到蓄水池里。人们讨论之后，觉得柏波罗和布鲁诺十分勤奋，于是便决定把这份工作交给他们来做。

兄弟俩接到这个任务后十分高兴，马上就各自提起两只水桶奔向河边，开始了他们辛勤的工作。当结束了一天的工作时，他们把村广场的蓄水池也装满了，并得到了每桶水一分钱的薪水。

“我们的梦想终于实现了！”布鲁诺高兴得快要发疯，“我简直不敢相信我们的运气这么好。”

柏波罗也很高兴，但他并不认为自己的梦想已经实现了。因为工作一整天之后，他觉得自己的腰背又酸又痛，双手也起了泡。他可不想每天早上一起来就去重复同样的工作。于是他发誓要想出更好的办法，将河里的水轻松地运到村里来。

“布鲁诺，我有一个计划。”第二天早上，当他们抓起水桶往河边走时，柏波罗说道：“我们每提一桶水才获得一分钱的薪水，这钱赚得也太辛苦了，而且还不知道什么时候结束，所以我们不如修一条地下水道，把河里的水引到村里来，那样我们就可以一劳永逸了。”

布鲁诺一听，顿时愣住了，随即便大声嚷起来：“一条地下水道？谁听说过这样的事？柏波罗，我们现在已经拥有一份很棒的工作了。我每天可以提100桶水，这样每天就能赚到一元钱！我已经是富人了！一个星期后，我就可以买一双新鞋；一个月后，我就可以买一头牛；半年后，我还可以盖一座新房子。你知道吗？我们拥有一份全村最好的工作，只要踏踏实实地做下去，我们这辈子就什么都不用愁了，所以你还是赶紧打消你的幻想吧。”

听了布鲁诺这番话之后，柏波罗并没有气馁，仍然耐心地向布鲁诺解释这个计划的可行性，以及由此会带来的丰厚效益。但可惜的是，不管柏波罗怎么说，都无法取得布鲁诺的支持。柏波罗无奈，只好暗自决定，由自己一个人来实施这个计划，于是他开始将工作时间分为两部分，其中一部分时间用来提桶运水，另一部分时间则用来建造地下水道。他心里很清楚，要想在坚硬的土地上挖出一条水道，实在是一件很困难的事。而且，由于他的收入是根据运水的桶数来决定的，所以开始的时候，他的收入会下降。他也知道，至少要等上一两年的时间，他所修建的水道才能产生可观的效益。但柏波罗坚信自己的梦想一定会实现，所以他便全力以赴地去做了。

但是，柏波罗的计划还没实施多久，布鲁诺和一些村民就开始嘲笑他了，并称他为“水道建造者柏波罗”。当时，由于布鲁诺把一整天的时间都用来提水，使得他挣到的钱比柏波罗多一倍，于是便经常向柏波罗炫耀自己新买的东西。没过多久，他还真的买了一头毛驴，还盖了一栋两层的楼房。同时，他还买了新衣服，在饭馆里吃着可口的饭菜。他还经常光顾酒吧，掏钱请大家喝酒，并给大家讲笑话。平时，村里人都尊敬地称他为布鲁诺先生。

那段时间，当布鲁诺晚上和周末在吊床上悠然自得地享受着美好时光时，柏波罗却还要继续挖他的地下水道。头几个月里，柏波罗的努力没有取得多大的进展。但柏波罗还是不断地提醒自己，实现明天的梦想是建立在今天的努力之上的。

时间一天天过去了，柏波罗不停地挖，而且每次只能挖几厘米。

“1厘米……10厘米……1米。”他一边挥动凿子，一边重复着这句话。渐渐地，他又把1米变成了10米……20米……100米……

有一天，柏波罗突然意识到自己的工程已经完成一半了，这也意味着他运水的时候只需要走一半的路程了。于是，柏波罗便把这多出的时间用来建造水道。终于，竣工的日期越来越近了。

此时，当柏波罗休息的时候，却看到布鲁诺还在费力地运水。布鲁诺的背也开始弯了，而且弯得越来越厉害，再加上长期的劳累，使得他走路的速度也开始变慢了。渐渐地，布鲁诺在吊床上的时间越来越少了，更多的时间泡在了酒吧里。而当布鲁诺再次进入酒吧时，酒吧里的老顾客们却开始窃窃私语："提桶人布鲁诺来了。"这时，布鲁诺已经没有钱请大家喝酒，也不再讲笑话给大家听了，他只是独自坐在漆黑的角落里，被一堆空酒瓶包围着。

这个时候，属于柏波罗的重大时刻终于来了——他的地下水道终于宣布竣工。村民们听到这个消息后，都簇拥着前来观看源源不断的水从管道中流到水槽里，然后流到村子的蓄水池里。这也意味着，柏波罗从此再也不用提水桶了。无论他是否在工作，水都一直源源不断地流入。他吃饭时，水在流入；他睡觉时，水在流入；当他周末出去玩时，水也在流入……随着流入村子里的水越来越多，柏波罗口袋里的钱也就越来越多。

这是一个国外版"愚公移山"的故事。这个故事至少带给我们如下几点启示：

①**人一定要有自己的梦想，并为梦想而努力**。其实，故事中的柏波罗和布鲁诺这两位年轻人，都在不停地努力，主要的区别在于：布鲁诺没有梦想，所以他一直在努力地提水，直到把身体压垮为止；而柏波罗因为有自己的梦想，所以一直在努力创建自己的水道，等到建成之时，就是他大功告成之日。可见，没有梦想的人，终生都在不停地辛劳，直到身体扛不住为止；而有梦想的人，尽管在实现梦想的过程中也十分辛苦，但只要梦想得以实现，他的生活就会从此无忧了。

②**细化目标，并分阶段实现**。故事中的柏波罗在有了目标之后，并没有立即停下提水的工作，而是在每天提水之余，分阶段实施自己的目

标，每天挖一点。最后把每个分阶段实现的目标加在一起，就达成了总体目标。我们可以试想一下，如果柏波罗在有了自己的目标之后，马上停下提水的工作，然后拼命地挖管道，那么用不了多长时间，他就会不得不放弃这个计划。因为如果刚开始就放弃了提水的工作，那么他的收入来源就会断掉。而一个连生存都无法保障的人，又怎么能够实现自己的梦想呢？所以，我们在教孩子进行投资时，也一定要记住，必须在生活有保障的前提下，才能谈到投资，不管这个投资的收益率有多高。

③**目标既已确定，就要不懈地努力**。更大的成功取决于更大的付出。故事中的柏波罗就是为了实现自己的梦想，不在意别人的嘲笑，毅然决然地走自己的路；在别人享受快乐的时候，自己却夜以继日地辛勤工作，并时时刻刻提醒自己：目标就在不远处。

④**要敢于打破思维定式，使自己不受固有思维的束缚**。故事中的布鲁诺和全村人，在柏波罗刚开始挖自己的水道时，都在嘲笑他，认为他是在干蠢事。为什么会这样呢？原因很简单，因为大家早就已经习惯了原有的生活方式，认为把河里的水弄到村子里的唯一办法，就是一桶一桶地提，压根就没有想到要建一条通道，然后把水引进来，只有柏波罗想到了这一点。

20世纪80年代，美国有一位年轻人，曾经说过自己要创造出一种让全世界的人都能联络的窗口，并让全世界的人为此而疯狂。当时，人们在听过了这个年轻人的这番话后，都认为他太狂妄自大了，所以根本没有人理会他，更没有人愿意跟他合作。但是，若干年后的今天，全世界的人都在运用他所创建的网络进行沟通，畅游在网络的世界里。他就是世人皆知的世界首富——比尔·盖茨。

然而，在现实的生活中，还是有很多人由于缺乏远见，仅仅满足于现状，所以像故事中的布鲁诺一样，不敢有梦想，也不敢相信梦想，结果使自己的生活一直处在“提水”的状态中。所以，作为父母，我们要做的就是在教导孩子学会“提水”的同时，更要教导孩子学会建造属于自己的“水道”。这样，孩子才能拥有一个无忧的、财源广进的未来。

第六节 告诉孩子让钱生钱的办法

前面我们曾经提到过，储蓄是让孩子走向财富人生的第一步，并花了大量的篇幅来阐述这个道理，以及让孩子自觉储蓄的办法。毫无疑问，这也是人们参与最早且人数最多的一种理财方式。但是，我们也应该知道，这只是存钱的一种方式，其目的是保证日常生活的支出，以及应对未来的不时之需。而如果要让钱生钱，仅仅把钱存到银行里，不但无法让钱升值，而且还会贬值。为什么呢？原因很简单，那就是通货膨胀率已经超过了储蓄的收益率。打个比方，如果你把1 000元存在银行里，一年的收益率为5%，而通货膨胀率却是10%。那就是说，一年前只需要1 000元钱就能买到的东西，现在需要1 100元才能买到，而你存在银行里的那1 000元，一年后连本带利总共为1 050元。这样看来，你存在银行里的那些钱实际上是贬值了。

所以，如果孩子的账户上有一部分钱在一定时间内没有其他的用途，那就不妨建议孩子购买一些高端的理财产品。这些理财产品的特点是安全，最重要的是收益率比单纯的储蓄要高，但有时间限制和起购金额的要求。

在对待储蓄这件事上，财商高的人和财商低的人在做法上是截然不同的。财商高的人，他们只把一部分钱储蓄在银行里，而把更多的钱用来购买收益更高的理财产品，或者进行其他投资。这些人经常想方设法从银行获得贷款，然后把这些钱拿去做收益率更高的投资，所以他们关注的是银行贷款利息和投资收益之间的成本高低。而财商低的人，往往会把自己的钱全部存在银行里，只拿到很低的利息回报，甚至都不考虑改变储蓄方式来提高财富的收益率。

那么，如何教会孩子让钱生钱的办法呢？俗话说："生命在于运动。"的确，经常运动的人，身体一般都会越来越健康；反之，身体则越来越虚弱。同样的道理，想让我们手中的财富不断升值，就要让我们手中的这些钱动起来。可以这样说，当你手中的钱转得越快时，你所赚的钱也就越多。为什么这样说呢？我们不妨再来打个比方：以前，做生意的人最有效的赚钱手段是高价卖出，因为这样可以提高利润；但今天最显著的赚钱手段已经变成了低价卖出，因为这样可以提高资金的周转率。以前的高价卖出，虽然利润很高，但由于卖得少，所以最终赚到的钱还是少；而今天的低价卖出，虽然利润很低，但由于卖得多，所以最终赚到的钱还是多。这就是我们平常经常提到的薄利多销，而薄利多销的原则就是让手中的钱转起来。

打个比方，如果你拿出2万元钱做生意，一年周转50次，那么你这一年就是做了100万元的生意，如果每次资金投资的收益率为10%，一年下来，你就可以赚10万元。也就是说，如果让2万元周转50次，那么你的投资收益率就是500%。

其实，在我们身边也能经常遇到这样的人，100元到了他们的手中，就能胜过别人的200元、300元……甚至是1 000元。为什么会这样呢？原因其实只有一个，那就是他们在掌控资金周转率上，已经达到了游刃有余甚至是炉火纯青的境界。而这些人在资金的周转上也有一个共同的特点，那就是周期很短。别人的产品往往一个月才卖出去，他则10天就能卖出去。也就是说，当别人的资金一个月才周转一次时，他的资金只需要10天就可以周转一次，这就是他们的优势。

那么，父母怎样做才能让孩子愿意把他的钱拿出来投资呢？刚开始的时候，可以鼓励孩子把钱存到父母这里，然后再付给孩子比银行更高的利息。这样，孩子自然就愿意让自己手中的钱也转起来了。

有一位企业家在培养他6岁的女儿进行投资时，就采用了这个方法。事后，他的女儿这样问他："爸爸，为什么我把钱存在你这里，利息比银行还高？"企业家便趁机对女儿说："因为你存在我这里的钱，我每个月都要周转一次，相当于你一年借给我12次钱，所以我给你的利息当然比银行要高。"女儿听完爸爸的话，也忍不住笑了，并说："如果爸爸每周都用我的钱周转一次就好了！"

当然，很多父母看到这里，可能会有这样的担忧，那就是在这种环境下成长起来的孩子，长大后会不会变得很势利？其实，这样的教育只会让孩子在面对金钱时变得更理性。当然，前提是父母一定要教给孩子正确的金钱观。

第六章　让孩子为自己的人生“存款”

当孩子知道什么是真正的富有之后，他就不会因为自己在物质上的富足而骄傲，也不会因为自己在物质上的贫乏而自卑。而当孩子在财富面前显得不卑不亢的时候，也将是他的人格得到不断提升的时候。

引言

很多人总是把有钱人当成富有之人，因为有钱人可以买到很多人买不到的东西，过上别人根本过不了的日子。那么，事实果真如此吗？有钱人真的是风光无限，没有任何烦恼吗？当然不是，实际上很多时候，一些所谓的有钱人，连普通人很容易就得到的快乐也无法享受得到。我们甚至还听过这样的话："这个人穷得只剩下钱了。"所以，如果一个人仅仅有钱，而在精神上很匮乏的话，即使他坐拥金屋，他也算不上真正的富有之人。而作为父母，谁也不愿意看到自己的孩子除了钱之外一无所有。那么，我们应该怎样做才能让孩子在拥有金钱的同时，在精神上也是一个富有之人呢？这就是我们在本章中需要探讨的话题。

第一节 人脉累积成就财富

对于一个现代人而言，人际关系越丰富，机会就越多，成功的概率也就越大。所以，为了孩子的未来，作为父母应该有意识地帮助孩子建立起一定的人脉关系，因为拥有良好的人脉，就等于拥有了一笔重要的无形资产。在孩子以后的奋斗过程中，他就会获得更多发展的机遇，也会更加如鱼得水。一个人能否取得成功，80%归结于与别人相处，只有20%来自于自己的专业水平。所以，想要让孩子在未来的人生中有所成就，累积更多的财富，就要让孩子有计划、有选择地去认识和接纳更多的人。

我们都知道，作为社会的一名成员，每一个人的人脉圈子往往都是先从对身边亲人的接触和累积开始，然后再慢慢发展到老师、同学、朋友、同事，最后再扩展到更大、更深入的圈子中。其中，因为熟悉和了解，来自身边的人脉圈子往往也是最牢固、最可靠的。亲戚、同学、老师等都有可能成为孩子未来的“贵人”。

事实已经一再证明，一个人要想获得成功，就必须搭建起丰富有效的人际关系！所以，让我们从现在开始，有意识地帮助孩子建立起他的人脉圈，并不断培养孩子的交际能力，不断扩大人脉网，为孩子未来的成功做好准备！

那么，具体来说，父母应该如何帮助孩子搭建起属于自己的人脉关系呢？下面的这些方法，相信一定会对您有所帮助。

①**让孩子结交关键和重要的人物**。在西方曾有一句著名的格言："重要的不在于你懂得什么，而在于你认识谁。"这句格言看起来虽然很势利，却很有道理。因为只有不断地认识那些能够改变或帮助你的人，才能构建起有用的人脉资源库。

美国俄亥俄州铁路局局长怀特，在儿子还上学的时候就对他说："在学校里要和一流的人物结交，有能力的人不管做什么都会成功……"也许这句话听起来有些势利眼，但事实上与优秀的人为伍是促使一个人迅速成长的快捷方式，而这也正是对"近朱者赤，近墨者黑"最好的诠释。

美国一位名叫阿瑟·华卡的农家少年，在杂志上读了一些大实业家的故事，很想知道得更详细些，希望能得到他们对后辈的忠告。于是，他跑到纽约，并在早上7点就去拜访大企业家威廉·亚斯达。

亚斯达有点讨厌这个不

速之客，但他还是听完了对方的话："我很想知道，我怎样才能赚到百万美元？"后来，他们谈了很久，随后亚斯达让这位农家少年去访问其他的名人。

华卡照着亚斯达的指示，走访了一流的商人、总编辑及银行家。虽然得到的忠告对他赚钱并没有多大的帮助，但是他们给了华卡很大的自信。几年后，24岁的华卡成为一家农业机械厂的总经理，终于如愿以偿地拥有了百万美元的财富。

也许华卡这个结交名人的方法，我们无法让孩子去效仿，但是他的信条绝对是值得我们的孩子学习的，那就是向那些成功的前辈请教，可以改变一个人的运气。所以，要让孩子有所成就，就要让他多结交一些比自己更优秀的人。

曾经有人认为，保罗·艾伦是一位"一不留神成了亿万富翁"的人。其实，这种理解是不对的。保罗·艾伦成为富翁的真正原因是，他年轻时就与比尔·盖茨志趣相投，所以在一起拼事业。当初他们在波士顿注册微软公司时，总经理是比尔·盖茨，而副总经理就是保罗·艾伦。而作为比尔·盖茨的好友以及微软公司的副总，成为亿万富翁是理所当然的，怎么会是意外的呢？

②**让孩子学会和陌生人说话**。曾经有一部电视剧叫《不要和陌生人说话》，而人们在记住这部电视剧的同时，也记住了这句话——"不要和陌生人说话"。从某种程度上来说，不和陌生人说话是自我保护的一种手段，但从规划人脉的角度上来说，这实际上是一种消极的思想。要知道，每个人在用尽自己的资源却依然难以取得成功的情况下，都会希望获得别人的帮助。而很多情况下，能够帮助我们的往往是那些陌生

人，如果我们老是提醒孩子不要和陌生人说话，让孩子对于接触陌生人和外界社会抱着完全排斥的心态，那么孩子又怎么可能会有意外的收获呢？因此，我们应该让孩子敞开心扉，去和各种各样的人沟通和交流，当然也包括陌生人。

③**教孩子维护好人际关系**。人脉网常常是变动的，我们需要对之做出维护和管理。美国前总统罗斯福曾说："成功的第一要素是懂得如何建立好人际关系。"而要维护和管理好人际关系网络，以下几点是需要注意的：

填写记录卡片。经常记录在什么活动中结交的人，不要只写下名字，或者把名片收好就行了，而是要写下自己对他们工作最感兴趣的方面，以及他们感兴趣的东西，包括一些特别的事物。虽然没有多少细节，但需要的时候肯定能发挥出很大的作用。

保持背后的忠诚。人际关系中，一个根本的原则是尽可能地让人感受到你是值得信任的。这需要我们做许多事，比如在他的背后赞美他，不要担心这些赞美的话传不到他的耳朵里。

特殊日子的祝福。小事也可以有大影响，在特殊的日子里，别忘了送上一则简讯、一封电子邮件等，这个特殊的日子包括对方的生日、婚礼、升职等，当然在别人处于困境的时候，你也不要忘记说一些鼓励的话，必要的情况下可以给予实际的帮助。

保持沟通和会面的机会。与同行、朋友每个月在聚会上碰面，这种聚会会有不少免费的内部消息，也让朋友之间有见面和交流的机会，参加后你会发现感情因此不褪色，而且当别人有什么信息的时候，也肯定不会忘记提供给你。

④**让孩子有选择地交朋友**。俗话说:“近朱者赤，近墨者黑。”一代官圣曾国藩也曾说过:“一生之成败，皆关乎身边的朋友是否贤能，不可不慎。”从中我们可以看出先辈们对于结交益友的重视程度。

而作为现代人，我们实际上比古人更需要朋友。因为朋友是我们人生中最重要的人之一，而不同的朋友对人的影响也会有所不同。和爱吹牛的朋友在一起，你最终也很可能会染上这种不求实际、夸夸其谈的毛病；和不学无术的人交朋友，你最终也很可能会丧失斗志，甘于平庸。相反，如果能够和宽容大度的朋友在一起，你会变得宽容对人，不再斤斤计较；和乐观快乐的朋友在一起，你会更多地看到生活中阳光的一面，而不是紧抓生活中的那些阴暗面不放。因此，在选择结交什么样的朋友上一定要慎重考虑。

被犹太人视为经典的《塔木德》一书中，有这样一句话:“如果一个人和狼生活在一起，那么他只能学会嗥叫；如果和优秀的人接触，那么他就会受到良好的影响，成为一个优秀的人。”所以，如果想让你的孩子成为什么样的人，就让他和什么样的人在一起吧。

第二节 如果有一天父母破产了

“孩子，爸爸的公司破产了，没有工作了，我们以后的生活会过得很辛苦！”史密斯一本正经地对儿子汤姆说。

汤姆听了，顿了一下，回答道:“那是不是意味着我今后不能买喜欢的玩具，你们也不能带我出去旅游了，而且我要面临辍学了？”

“是的，今后的生活会很艰难，但我会想办法赚钱，不能让你辍学。只是妈妈不能天天在家照顾你了，她也要跟我一样出去找工作，当别人的保姆，而我会考虑当送水工！”史密斯一脸无奈地对儿子说。他的话音刚落，汤姆忍不住哭了起来，嘴里还嘟囔着：“我不要爸爸破产，不要……我不要妈妈当别人的保姆……”

见儿子哭了起来，史密斯赶忙将儿子揽到怀里，笑着说：“孩子，爸爸没有破产，只是想考验你一下！”汤姆这才停止了哭声，满脸疑惑地看着父亲。史密斯看着他，语重心长地说：“孩子，虽然爸爸今天没有破产，但是这份工作不是永久的，我们要拥有忧患意识，随时做好面临各种意外和挫折的准备……”史密斯的话还没说完，汤姆就抢过话来说：“我们现在的生活很好，为什么会出现意外？”

“孩子，世事难料，就像海啸、台风、地震一样，有些灾难不是我们能够意料到的，所以我们要未雨绸缪！”史密斯耐心地解释着。

“我知道了，爸爸，从今天开始，我不会乱花钱、乱要东西了，我要开始存钱，一点一点累积，等我们遇到意外的时候才能够派上用场，对不对？”史密斯听了，高兴地点了点头，并向儿子竖起大拇指。

关于遭遇破产、失业、意外、灾难等类似的问题，父母大都很少向孩子提起，总觉得这些意外离自己很远，而这样的问题也不是孩子应该考虑的范畴。这些父母的想法，我们当然可以理解，毕竟谁都不相信一些意外的事故会发生在自己的身上，而宁愿相信生活总是美好的。只是愿望虽然很好，现实却往往很残酷，因为意外到来的时候，它不会事先跟你商量，也不会事先跟你打招呼。我们能够做的，是在顺境的时候，做好面临逆境时的准备。只有这样，当我们面临困境的时候，才能安然度过，并让孩子在这个过程中学会坚强。所以不管什么时候，都不要忘了“生于忧患，死于安乐”这个普遍的规律。

“凉水煮青蛙”的故事，实际上就是对“生于忧患，死于安乐”这句话的最完美诠释。当第一只青蛙被放入沸水锅中时，由于一下子处在极端的危险境地中，求生本能激发出了它全部的潜能，迫使它最终摆脱了困境。而第二只青蛙因为处在一种安逸的环境中，所以当危险渐渐来临的时候，它根本意识不到，等危险已经近在眼前时，才发现一切都已经晚了。

其实，第一只青蛙所代表的就是那些有忧患意识的人，由于他们时刻做好面临困境的准备，所以当困难真的到来时，他们就能够顺利度过；第二只青蛙则代表那些没有忧患意识的人，他们只顾享受眼前的安逸生活，却对身边随时可能发生的危险视而不见，等到发现自己已经陷入绝境的时候，才明白一切都已经太晚了。所以，作为父母，我们也要随时培养孩子的忧患意识，不要让孩子只顾贪图眼前的安逸而不思进取，更不要只顾享乐而忽视了学业。

具体来说，父母可以引导孩子做到以下几点：

①**储存“私房钱”**。当孩子逐渐懂事后，父母可以给孩子设置各种问题，比如，“如果有一天父母失业了，没有了收入来源，我们该怎么办？”“金融危机又来临了，赚钱越来越难，这时该如何？”等等，让孩子知道生活存在很多不确定的因素，然后引导他们储存“私房钱”，把平时的零用钱、压岁钱、奖学金等存起来一部分，以备不时之需。

②**掌握生活技能**。整理房间、烹饪、擦地板、洗衣服等，这些家事

都是孩子必须掌握的。当然，如果孩子依赖性太强的话，刚开始时可采用奖励机制，根据孩子做家事的情况给予一定的薪水。等到孩子升入中学后，就应该让他们独立生活，不仅要整理自己的房间，还要学习一些更高的生活技能，比如买菜、缴水电费、家电维修、汽车维护、社交应酬等。

③体验不同生活。长期处于一种环境里，孩子容易变得自私、心胸狭隘，所以父母可以有意识地带孩子出去体验各种不同的生活，比如，去车行体验洗车工的生活，到餐馆帮客人端盘子，去乡下跟农民下田工作，到医院当一天志愿者，去敬老院当义工等。体验不同的生活，可以让孩子更懂得珍惜眼前的生活，并争取做得更好，即便遇到困难也不退缩，尝试着去适应、去面对、去挑战。

以上的几点是我根据自己接触的一些案例总结出来的，父母在实施的过程中可以灵活运用，根据孩子的实际情况循序渐进地进行。对于那些贫困的家庭，父母更要引导孩子学会独立自主，鼓励他们大胆去创造财富，决不能因家境贫困而放弃远大的理想。

破产、危机、变故等灾难有时候也会变成好事，当然，这既取决于我们拥有的乐观心态，也取决于我们拥有的财富眼光和赚钱的谋略。2008年，在世界金融危机到来时，“股神”巴菲特却说这是“投资的良机”，并在《纽约时报》上发表文章说道：“我奉行一个很简单的信条，即他人贪婪时我恐惧，他人恐惧时我贪婪。”这简单的两句话，却道出了财富的真谛。

总之，生活处处充满了变量。在全球经济发展趋势变化多端的今天，如何让孩子更加自信地面对未来，并做好各种准备，已经变得越来越迫切。尤其是当父母遭遇破产、失业或者家庭遇到变故时，如何让孩子能够坦然地面对这些不幸，并承担起自己应尽的义务，更是父母不得不考虑的问题。所以，作为父母，我们首先要做到居安思危、未雨绸缪，并培养孩子的忧患意识，使孩子的内心变得真正强大起来。

第三节 让孩子学会享受工作

美国著名的石油大王洛克菲勒曾经给他的儿子约翰写了一封很长的信，而这封信所谈的就是关于如何对待工作的问题。这封信的内容如下：

亲爱的约翰：

有一则寓言很有意味，也让我感触良多。那则寓言说：

在古老的欧洲，有一个将死之人，发现自己来到一个美妙而又能享受一切的地方。他刚踏进那片乐土，就有个看起来好像是侍者的人走过来问他："先生，您有什么需要吗？在这里您可以拥有一切想要的：所有的美味佳肴，所有可能的娱乐以及各式各样的消遣，其中不乏妙龄美女，都可以让您尽情享用。"

这个人听了以后，感到有些惊奇，但非常高兴，并暗自窃喜：这不正是我在人世间的梦想吗？于是，他便开始品尝所有的佳肴美食，同时尽享美色。然而，有一天，他却对这一切感到索然无味了，于是他就对侍者说："我现在已经对这一切感到很厌烦，我需要做一些事情。你可以给我一份工作吗？”

他没想到，他所得到的回答却是摇头：“很抱歉，我的先生，这是我们这里唯一不能为您提供的。这里没有工作可以给您。”

这个人听了，感到非常沮丧，于是他愤怒地挥动着手说：“这真是太糟糕了！那我干脆就留在地狱好了！”

“先生，您以为这是什么地方呢？”那位侍者温和地说。

约翰，这则很富幽默感的寓言，似乎在告诉我们：失去工作就等于失去快乐。但是令人遗憾的是，有些人却要在失业之后才能体会到这一点。这真不幸！

我可以很自豪地说，我从未尝过失业的滋味，但这并不是我运气好，而是在于我从不把工作视为毫无乐趣的苦役，而且能够从工作中找到无限的快乐。

我认为，工作是一项特权，它带来比维持生活更多的事物。工作是所有生意的基础，所有繁荣的来源，也是天才的塑造者。工作使年轻人奋发有为，比他的父母做得更多，不管他们多么有钱。工作以最卑微的储蓄表示出来，并奠定幸福的基础。工作是增添生命味道的食盐。但人们必须先爱它，工作才能给予人们最大的恩惠、获得最大的成果。

我初进商界时，时常听说一个人想爬到高峰需要很多牺牲。然而，岁月流逝，我开始了解到很多正爬向高峰的人，并不是在“付出代价”。他们努力工作，是因为他们真正喜爱工作。任何行业中往上爬的人都是完全投入正在做的事情，而且专心致志。衷心喜爱自己所从事的工作，自然也就成功了。

热爱工作是一种信念。但有些人显然不够聪明，他们有野心，却对工作过分挑剔，一直在寻找“完美的”雇主或工作。事实是，雇主需要准时工作、诚实而努力的雇员，他只将加薪与升迁的机会留给那些格外努力、格外忠心、格外热心、花更多时间做事的雇员，因为他在经营生意，而不是在做慈善事业，他需要的是那些更有价值的人。

不管一个人的野心有多大，他至少要先起步，才能到达高峰。一旦起步，继续前进就不太困难了。工作越是困难或不愉快，越要立刻去做。如果拖的时间越久，就会变得越困难、越可怕，这有点像射击一样，你瞄的时间越长，能够射中的概率就越低。

我永远也忘不了我的第一份工作——簿记员的经历，那时我虽然每天天刚蒙蒙亮就得去上班，办公室里点着的油灯又很昏暗，但那份工作从未让我感到枯燥乏味，反而很令我着迷和喜悦，连办公室里的一切繁文缛节都不能让我对它失去热心。结果雇主不断地为我加薪。

收入只是你工作的副产品，做好你该做的事，并且追求卓越，理想的薪水必然会来。而更为重要的是，我们劳动的最高薪水，不在于我们所获得的，而在于我们会因此成为什么。那些头脑活跃的人拼命工作，绝不只是为了赚钱，使他们工作热情得以持续下去的东西要比只知敛财的欲望更为高尚——他们是在从事一项迷人的事业。

老实说，我是一个野心家，从小就想成为大富豪。对我来说，受雇的休伊特—塔特尔公司是一个锻炼我的能力、让我一试身手的好地方。它代理各种商品销售，拥有铁矿，还经营着两项让它赖以生存的技术，那就是为美国经济带来革命性变化的铁路与电报。它把我带进了妙趣横生、广阔绚烂的商业世界，让我学会了尊重数字与事实，让我看到了运输业的威力，更培养了我作为商人应具备的能力与素养。所有的这些都在我以后的经商中发挥了极大的效能。可以说，没有在休伊特—塔特尔公司的历练，我在事业上或许要走很多弯路。

现在，每当想起休伊特—塔特尔公司，想起当年的老雇主休伊特和塔特尔两位先生时，我的内心就不禁涌起感恩之情，那段工作生涯是我一生奋斗的开端，为我打下了奋起的基础，我永远对那三年半的经历感激不尽。

所以，我从未像有些人那样抱怨自己的雇主，说："我们只不过是奴隶，我们被雇主压在尘土上，他们却高高在上，在他们美丽的别墅里享乐；他们的保险柜里装满了黄金，他们所拥有的每一块钱都是压榨我们这些诚实工人得来的。"我不知道这些抱怨的人是否想过：是谁给了你就业的机会？是谁给了你建设家庭的可能？是谁让你得到了发展自己的可能？如果你已经意识到了别人对你的压榨，那你为什么不结束压榨，一走了之？

工作是一种态度，它决定了我们快乐与否。同样都是石匠，同样在雕塑石像，如果你问他们：“你在这里做什么？”其中的一个人可能会说：“没看到吗？我正在凿石头，凿完这个我就可以回家了。”这种人永远视工作为惩罚，他嘴里最常吐出的一个字就是“累”。

另一个人可能会说：“你没看到吗？我正在做雕像。这是很辛苦的工作，但是酬劳很高。毕竟我有太太和四个孩子，他们需要温饱。”这种人永远视工作为负担，他嘴里经常吐出的一句话就是“养家糊口”。

第三个人可能会放下锤子，骄傲地指着石雕说：“你看到了吗？我正在做一件艺术品。”这种人永远以工作为荣、以工作为乐，他嘴里最常吐出的一句话就是“这个工作很有意义”。

其实，天堂与地狱都由自己建造。如果你赋予工作意义，不论工作大小，你都会感到快乐，自我设定的目标不论高低，都会使人从工作中获得乐趣。如果你不喜欢做的话，任何简单的事都会变得困难、无趣，当你叫喊着这个工作很累时，即使不费力气，你也会感到精疲力竭，反之就大不相同。事情就是这样。

约翰，如果你视工作为一种乐趣，人生就是天堂；如果你视工作为一种义务，人生就是地狱。检视一下你的工作态度，那会让我们都感觉愉快。

爱你的爸爸！

从洛克菲勒写给儿子的这封信中，我们可以看出他对年轻的儿子所抱有的殷切期望。相信每一个读完这封信的人，也会被这种伟大的父爱所深深地感动。其实，作为美国著名的石油大王，洛克菲勒所拥有的财富已经足够多了，但他为什么还要苦口婆心地劝导自己的孩子要好好对待工作呢？那是因为在他看来，工作不仅仅是一种赚钱的方式，更是一种人生的境界。正如信中所提到的“如果你视工作为一种乐趣，人生就是天堂；如果你视工作为一种义务，人生就是地狱”。这实在是一种积极的人生观，相信我们每个人也一定能够从中受益。

据记载，佛祖释迦牟尼曾经说过：“我一直专注于一件事。当我用斋时，我会好好地用斋；当我睡觉时，我会好好地睡觉；当我谈话时，我会好好地谈话；当我坐禅时，我会入定。这就是我的实践。”这些简单得不能再简单的话语，却蕴含着多么深刻的哲理呀！可是又有多少人能够真正用心去领悟呢？其实，如果一个人能够明白自己为什么要工作，应该如何去对待工作，他就不会为做什么工作、得到什么样的薪水而烦恼；如果一个人能够明白工作是一个关乎生命意义、是生命中最重要的一种活动，他自然就会认真地去对待自己所从事的任何一份工作。而作为父母，我们需要做的就是让孩子明白这个道理。要让孩子知道，视工作为天堂而非地狱的区别。

实际上，一个人对待工作的态度恰恰反映了他的人品和志向。所以，孩子今后能够走得多远、飞得多高，均取决于他对待工作的态度。而孩子对待工作的态度则取决于父母的启蒙和教导。

第四节 让孩子接受上帝的最高奖赏

1963年，《芝加哥先驱论坛报》“你说我说”栏目的主持人西勒·库斯特先生收到一位名叫玛莉·班尼的女孩写来的一封信。玛莉·班尼在信中告诉西勒·库斯特先生，她实在搞不懂，为什么自己帮妈妈把烤好的甜饼送到餐桌上后，得到的只是一句“好孩子”的夸奖，而那个什么都不做，整天只知道捣蛋的戴维（玛莉的弟弟）得到的却是一块甜饼。在信的最后，玛莉向西勒·库斯特先生问道：“上帝真的是公平的吗？如果上帝是公平的，为什么不管是在家里还是在学校里，像我这样的好孩子却经常被上帝所遗忘呢？”

其实，10多年来，西勒·库斯特已经收到1 000多封类似于这样的信了，孩子们最关注的问题基本上也都和玛莉·班尼一样：“为什么上帝不奖赏好人，也不惩罚坏人呢？”而每次拆阅这样的信件，他的心情都非常沉重，却又不知道该怎样来回答孩子们的这些问题。

就在西勒·库斯特对玛莉小姑娘的来信不知如何是好、暗自着急时，一位朋友邀请他去参加一场婚礼。就是在这次婚礼上，西勒·库斯特终于找到了问题的答案，并且让他在一夜之间因为这个答案而名扬天下。

西勒·库斯特先生后来是这样回忆那场婚礼的。牧师主持完订婚仪式后，新娘和新郎就开始互赠戒指，也许是这对新人当时完全沉浸在幸福之中，也许是两人过于激动和兴奋了，总之，在互赠戒指的时候，两个人都阴差阳错地把戒指戴在了对方的右手上。站在一旁的牧师看到了这一情景，便幽默地对他们说：“喔！两位新人，右手已经够完美了，我想你们最好还是用它来装扮左手吧！”正是牧师的这一句话，让西勒·库斯特终于茅塞顿开。

是呀，右手本身就已经非常完美了，所以没有必要再把饰物戴在这上面。同样的道理，那些好人之所以经常被人们所忽略，不正好说明了他们本身已经非常完美了吗？于是，西勒·库斯特先生得出了这样的结论：上帝让右手成为右手，就是对右手最高的奖赏。同样的，上帝让好人成为好人，本身就是对好人最高的奖赏了。

西勒·库斯特为自己发现了这个真理而兴奋不已。随后，他立即以“上帝让你成为一个好孩子，就是对你的最高奖赏”为题，给玛莉·班尼回了一封信。这封信在《芝加哥先驱论坛报》刊登之后，在很长的一段时间内，被美国及欧洲的1 000多家报刊进行转载，并且在每年的儿童节，他们都将这封信重新刊载一次。

在现实生活中，我们的孩子肯定也经常遇到很多类似于玛莉小朋友那样的事情，比如尽管他们为某件事付出了很多，却总是被老师或同伴所忽略甚至遗忘，而那些整天无所事事甚至是经常捣蛋的人，却经常得到老师的重视，并被别的孩子津津乐道。这些事虽然算不上什么不幸，却不免让孩子感到郁闷。于是，很多孩子的心中便会自然生出这样的疑问：为什么好人没有好报？为什么坏人总是逍遥自在？为什么付出努力的人却没有收获？为什么不曾付出的人却能坐享其成？难道生活真的就这么不公平吗？

作为父母，一定要及时对孩子进行开导和抚慰，并告诉孩子，每个人都是自然界创造的奇迹，所以不管自己处在什么样的境遇，都应该保持一种平和的心态，以感恩的心去过好生活中的每一天。这样，即使孩子在物质上并不十分富足，但他实际上已经成为精神上的富有者。而一个精神上富有的人，不管他面对的是什么样的环境，也不管他过的是什么样的生活，他都会拥有一个快乐的人生，因为他知道——生活本身就是最高的奖赏。

第五节　告诉孩子什么是真正的富有

我们都知道，只有家里有足够的钱，才能提供给孩子更好的营养、买最好的玩具、上最好的学校、接受最好的教育。但是，对于一个人乃至一个家庭来说，是不是有了足够的钱就算是富有了呢？或者说钱越多就越富有呢？当然不是。

其实，我们所说的“富有”，所包含的并非仅仅只是金钱，因为金钱多了未必是好事，这一点不管是从历史的角度上来看，还是站在当代的立场上来讲，都是很容易看明白的。可见，这个“富”字，除了金钱，应该还包含更多的东西在里面。我们可以试想一下，一个很富裕的家庭，如果是为富不仁的话，那么别说“富不过三代”，能富一代都很难。相反，一个家庭，即使现在还不算富裕，甚至还很贫穷，但如果一家人同心同德、努力进取，那么总有一天，这个家庭会真正富裕起来的。所以，父母送给孩子最大的财富，其实不是金钱，也不是安逸的生活，而是德行、能力、智慧等这些内在的综合素质。

有一个很普通的家庭，过着很平淡的日子。有一天，8岁的女儿放学回家后问妈妈：“妈妈，我们家有钱吗？”

妈妈一听，一时没有反应过来，但她还是说了实话：“我们家没有钱。”

女儿又问：“哦，那我们家是不是很穷呢？”

妈妈很肯定地回答：“我们家不穷。”

女儿听了，似懂非懂地点点头，没有再往下问。

到冬天的时候，他们家所在的小区发起“冬季捐寒衣”的活动。那天晚上，妈妈打开衣柜，拿出一些平时不怎么穿的衣服，开始整理起来，女儿看见了，便走过来问妈妈：“妈妈，这些衣服要送给谁呢？”

妈妈说：“要送给穷人。”

女儿又问：“为什么要送给他们？”

妈妈说：“因为现在天越来越冷了，他们没有冬衣，过不了冬呀。”

女儿听了，点点头，这一次她显然是明白妈妈的意思了。过了一会儿，她也拿来一件小棉衣、一条围巾和一顶帽子，交给妈妈，说要捐给穷人。妈妈看到女儿这么懂事，正想表扬她几句，女儿又一把拉着爸爸的手，用央求的语气对爸爸说：“爸爸，求您了，把您的这件棉衣也送给穷人吧！”

听了女儿的话，妈妈的心为之一震，只因为女儿那颗小小的心。虽然她一直以为自己富有同情心，但在这之前，她却从未想过要将自己目前正在需要的东西送给别人……

第二天，当妈妈把女儿送到学校门口，看着她背着那个小小的书包一蹦一跳地走进校门时，妈妈的眼睛渐渐地湿润了。因为她知道，女儿比自己更富有！

有人说“人性本善”，也有人说“人性本恶”，还有人说“人性本无”，但读完这个小故事之后，我们却看到了人性中最善良、最闪亮和最纯真的一面。一个孩子，她可能并不懂得什么叫贫穷、什么叫富有，但是从她的举动中，我们却真切地看到了她那颗小小的心中已经拥有了这个世界上最珍贵的财富。

实际上，在大自然的眼里，没有哪一个人是真正富有的，只有天地才是真正的富有。因为天地制造了万物、养育了万物，却不占为己有，而又无私地奉献给了万物、奉献给了人类。由此可见，越是想占有的人、想得到更多的人，就越是最贫穷的人；越是懂得奉献的人、懂得付出的人，就越是富有的人。作为父母，如果我们能够把这些思想传输给孩子，那么对于孩子一生的影响将是至关重要的。因为当孩子知道什么是真正的富有之后，他就不会因为自己在物质上的富足而骄傲，也不会因为自己在物质上的贫乏而自卑。而当孩子在财富面前显得不卑不亢的时候，也将是他的人格得到不断提升的时候。